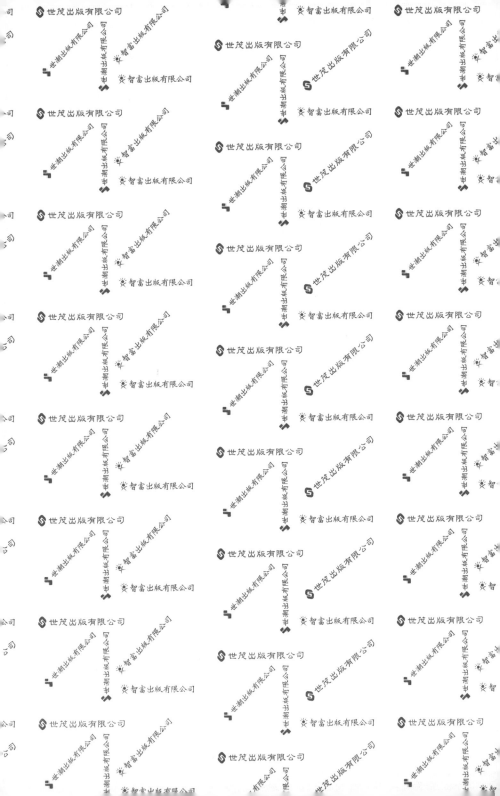

數 ╫ 學 = (女 × 孩)

秘密筆記

圓圓的
三角函數篇

数学ガールの秘密ノート　丸い三角関数

日本數學會出版貢獻獎得主
結城浩 ——著

前師範大學數學系教授兼主任
洪萬生 ——審訂

獻給你

　　本書將由由梨、蒂蒂、米爾迦與「我」展開一連串的數學對話。

　　請你仔細傾聽女孩們的一字一句。如果不明白她們在討論什麼，或者不瞭解算式的意義，不妨先將疑問擱在一邊，繼續閱讀下去。

　　如此一來，你將在不知不覺中，加入這場數學對話。

登場人物介紹

我

高中二年級，本書的敘述者。

喜歡數學，尤其是數學公式。

由梨

國中二年級，「我」的表妹。

總是綁著栗色馬尾，喜歡邏輯。

蒂蒂

本名蒂德拉，高中一年級，是精力充沛的「元氣少女」。

留著俏麗短髮，閃亮大眼是她吸引人的特點。

米爾迦

高中二年級，是數學資優生、「能言善道的才女」。

留著一頭烏黑亮麗的秀髮，戴金框眼鏡。

媽媽

「我」的媽媽。

瑞谷老師

學校圖書室的管理員。

C O N T E N T S

序章

映照於瞳眸的圖。
雙眼所見的圖。
三角形是三角形，圓是圓。

這些圖，誰都看得見。
這些圖，誰都能分辨。
三角形是三角形，圓是圓——真是如此嗎？

去探尋難以捉摸的圖吧。
去追求無法一眼看穿的圖。

尋找、尋找，尋找圓。
在九十六個角中，尋找圓。

睜大雙眼、睜大雙眼。
睜大雙眼，透析圖的本質。

去發現無法輕易辨識的圖。
去探索虛幻圖形的本質。

從三角形開始，認識圓，
最後，理解螺旋。

從提問開始，切入算式，
最後，理解世界。

理解我們所生存的世界——表象之下的本質。

第 1 章

圓圓的三角形

「名即實——名字往往表現了本質。」

1.1　在圖書室

　　我是一個高二生。放學後，我一如往常前往圖書室，看見學妹蒂蒂正在筆記本上，寫下許多數學算式。

我：「蒂蒂，又在算數學嗎？」

蒂蒂：「啊，學長！是啊，因為學長教我很多東西，讓我覺得學數學變好玩了……」

我：「真是太好了。妳最近學什麼呢？」

蒂蒂：「嗯……最近在想**三角函數**的問題。」

　　我很喜歡數學，也很擅長，唸書一定先唸數學。以前蒂蒂不太擅長數學，不過和我討論幾次後，她愛上了數學。

我：「原來如此，例如 sin 和 cos 嗎？」

蒂蒂：「是啊……」

蒂蒂的臉色突然暗下來。

我：「怎麼了？」

蒂蒂：「因為……雖然聽學長說明很有趣……可是三角函數實在好難。」

我：「說的也是，不過，習慣就不會覺得難囉。」

蒂蒂：「三角函數這個名稱似乎和圖形有關，又好像沒有關係。三角函數究竟是什麼呢？」

我：「這個問題很難用一句話回答呢——不如我們一起想想看吧！」

蒂蒂：「好，麻煩學長了！」

蒂蒂對我深深一鞠躬。

1.2　直角三角形

我：「我不曉得蒂蒂有多瞭解三角函數，所以我們從基礎開始討論吧？」

蒂蒂：「好的。」

我：「首先，請妳畫一個**直角三角形**。」

蒂蒂：「嗯……這樣嗎？」

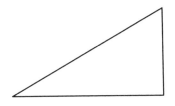

我：「嗯，這看起來『很像』直角三角形。」

蒂蒂：「是啊……咦？這樣畫不對嗎？」

我：「畫直角三角形要明確標示『直角記號』，告訴別人『這裡是直角』，比較好喔。」

蒂蒂：「啊，你說的對。『這裡是直角』……我標好了。」

　　乖巧的蒂蒂立刻標上「直角記號」。

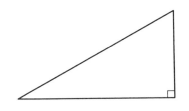

明確標示直角三角形的「直角記號」

我：「沒錯，這樣就對了。標示『直角記號』能夠幫助理解！」

蒂蒂:「好,我明白!」

　　蒂蒂精神抖擻地回答,把重點寫進《秘密筆記》。蒂蒂只要學到、發現新事物都會記錄於這本筆記本。

1.3　角的表示法

我:「首先,從基礎開始說明吧!三角形有三個**角**,而直角三角形有一個角是直角——角度為 90°!」

蒂蒂:「是啊,有一個角是直角。」

我:「接著,我們看看另外兩個角的其中之一,把這個角表示為 θ。」

蒂蒂:「θ(theta)……學長,這是希臘字母嗎?」

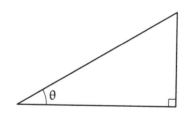

將一個角命名為 θ

我：「是啊，一般都用希臘字母來代表角，但不一定要用希臘字母啦。」

蒂蒂：「原來如此。」

我：「數學常出現字母、符號、名稱等，很多人看到這些名詞便會退縮。」

蒂蒂：「啊……其實我不擅長應付有一大堆符號的題目。我想掌握這些符號，它們卻躲著我，讓我忍不住想叫它們『等等我』。」

我：「這樣啊……放心，符號不會一直躲妳啦。」

蒂蒂：「沒錯啦……」

我：「如果一堆符號讓妳覺得煩躁，可以放慢閱讀符號的速度。」

蒂蒂：「放慢閱讀的速度？」

我：「嗯，妳必須『別急著跳過熟悉的符號』。」

蒂蒂：「原來如此！我會努力和所有符號交『朋友』！」

　　蒂蒂滴溜溜的雙眼閃爍光芒，露出迷人的微笑。

1.4　頂點與邊的表示法

我：「既然提到角的表示法，順便講頂點和邊的表示法吧。以
　　蒂蒂畫的三角形為例，頂點和邊可以如此表示……」

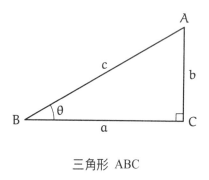

三角形 ABC

蒂蒂：「A、B、C 是頂點吧？」

我：「沒錯，頂點通常以大寫字母表示，而且大多是英文字母，
　　而非希臘字母。三個頂點依照 A→B→C 的順序，圍成三角
　　形 ABC，此順序通常是逆時針繞一圈，不過並非強制規
　　定。」

蒂蒂：「嗯，我明白了。」

我：「如果圖形旁邊有記載文字，一定要『圖文對照閱讀』，
　　這點很重要。」

蒂蒂：「圖文對照閱讀是什麼意思？」

我：「例如，圖的旁邊寫著『三角形 ABC』，必須一個個確認頂點 A、B、C 在哪裡。」

蒂蒂：「我知道了，A 在這裡，B 在這裡，C 在這裡！」

蒂蒂精神抖擻地「用手指確認」每個頂點位置。

我：「頂點和邊的命名方式有點不同。頂點通常以大寫字母表示，邊則以小寫字母表示。」

蒂蒂：「這樣啊……」

我：「與頂點相對的邊，其表示方法是，把頂點的英文大寫改成小寫。」

蒂蒂：「這樣嗎？頂點 A 和邊 a……」

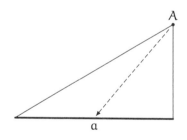

以相對的頂點，表示邊

我：「沒錯，與頂點 B 相對的是邊 b。」

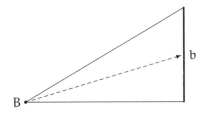

蒂蒂：「與頂點 C 相對的是邊 c！」

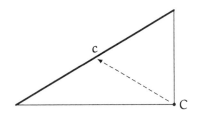

我：「不過，不一定要用 A、B、C 來表示，用其他字母也可解
　　數學題目，不會產生任何問題。只是在多數情況下，這種
　　表示法比較方便。若題目沒有特別限制，通常會用 A、B、
　　C 來表示。」

蒂蒂：「嗯，我明白。」

1.5 sin

我：「接下來，我們把焦點放在直角三角形的角 θ，以及 b、c 兩個邊，請看下圖。」

蒂蒂：「好。」

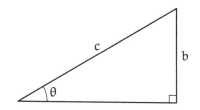

　　蒂蒂很聽話，專心看著這張圖。不，不只是看，蒂蒂還喃喃自語「邊 b 和邊 c」，以手指確認，真的很乖。

我：「下一步，我們探討『角 θ 的大小』與『邊 b、邊 c 的長度』有什麼關係。」

蒂蒂：「角與邊的關係……」

我：「在這個直角三角形中，我們先固定『角 θ 的大小』，並拉長『邊 c』，把邊 c 的長度拉成原來的兩倍，便能得到下頁圖的直角三角形。」

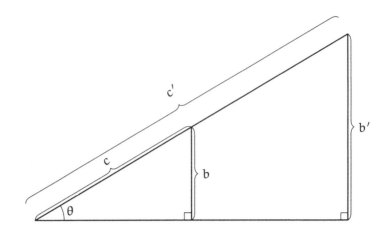

蒂蒂：「嗯，把邊 c 拉長成邊 c'。」

我：「此時，為了保持直角三角形的形狀，垂直的邊 b 也必須拉長成邊 b'。」

蒂蒂：「是的，這個我懂。」

我：「邊 c 拉長成邊 c'，長度變為兩倍，所以邊 b 拉長成邊 b'，長度也要變成兩倍。」

蒂蒂：「沒錯。」

我：「不只兩倍，如果我們把邊 c 拉成原來的三倍、四倍……邊 b 也要拉成三倍、四倍……」

蒂蒂：「是的，所以邊 b 和邊 c 成正比。」

我：「沒錯！也就是說，若『角 θ 的大小固定』，則『邊 b 和邊 c 的比例亦固定』。」

蒂蒂：「比例亦固定……」

我：「換句話說，若『角 θ 的大小固定』，則『分數 $\frac{b}{c}$ 的數值亦固定』。」

蒂蒂：「學長，這句話是說……若分母 c 變成原來的兩倍、三倍……分子 b 也會變成原來的兩倍、三倍……是嗎？」

我：「沒錯。」

蒂蒂：「原來如此，我懂了！可是學長，我有問題……」

我：「什麼？」

蒂蒂：「這些觀念和三角函數有關嗎？」

我：「有關。我們在談的，其實就是三角函數。」

蒂蒂：「是嗎？」

我：「剛才我們得到了以下結論，對吧？」

若直角三角形「角 θ 的大小固定」，

則「分數 $\dfrac{b}{c}$ 的數值亦固定」。

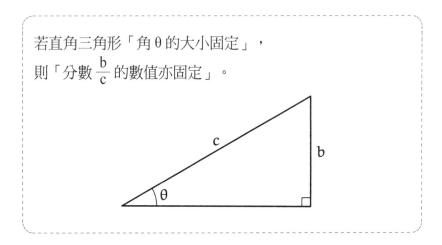

蒂蒂：「沒錯。」

我：「也可以用以下方式描述。」

若直角三角形「角 θ 的大小已知」，

則「分數 $\dfrac{b}{c}$ 的數值為定值」。

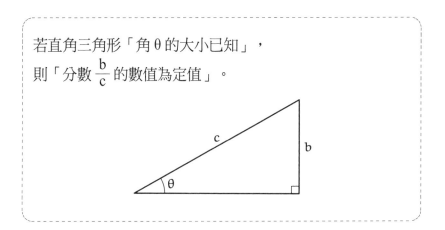

蒂蒂：「嗯⋯⋯啊，沒錯耶！因為固定角 θ ，直角三角形的形狀就會保持不變，所以分數 $\dfrac{b}{c}$ 的數值為定值。雖然需實際計算才可得知確切數值，但的確是固定的數值。」

我：「那是 sin 的定義喔，蒂蒂。」

蒂蒂：「咦？」

我：「『角 θ 的大小』固定，則『分數 $\dfrac{b}{c}$ 的數值』為定值。我們為『分數 $\dfrac{b}{c}$ 的數值』取名字吧！表示為 $\sin \theta$ ！」

蒂蒂：「咦！」

我：「這樣表示，即可清楚說明直角三角形，不過——哇！」

蒂蒂突然抓住我的手腕。

蒂蒂：「學長！學長！學長！難道這就是三角函數的 sin 嗎？」

我：「sin？」

蒂蒂：「$\sin \theta$ 是指直角三角形 $\dfrac{b}{c}$ 的數值嗎？」

我：「是啊。剛才我們以直角三角形定義 $\sin \theta$ ，由於 θ 在 $0° < \theta < 90°$ 之間，所以 $\sin \theta$ 和 $\dfrac{b}{c}$ 相等。」

以直角三角形兩邊比例，定義 sin θ（0° < θ < 90°）

$$\sin \theta = \frac{b}{c}$$

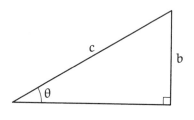

　　蒂蒂驚呼不已，把重點記錄於《秘密筆記》。

1.6　sin 的記憶法

蒂蒂：「這些重點，上課似乎有教過。」

我：「是啊，老師教三角比例，應該有說明這些。」

蒂蒂：「那時候我大概被一堆符號壓得喘不過氣……」

我：「是嗎？我覺得目前還沒用到很多符號啊。」

蒂蒂：「三角形有三個邊，分母和分子的組合有很多種呀！」

我：「妳是指 sin 的記憶法嗎？有一種著名的 sin 記憶法……一邊寫草寫體的 s，一邊唸『c 分之 b』，按照 c → b 的順序，計算 sin 值，而 s 代表 sin。」

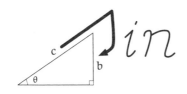

sin θ 的記憶法

蒂蒂：「我以前應該有學過這種記憶法，不過我總是不曉得直角該放在左邊或右邊，因而搞混……」

我：「哈哈哈！原來如此，妳因為不曉得三角形該怎麼擺而困惑呀。這種記憶法不需考慮『直角放在哪裡』，只建立於『所求的角 θ 在左邊』的前提。」

蒂蒂：「角 θ 在左邊……」

我：「先不管記憶法，如果妳不瞭解 sin 能決定的是什麼，我很難繼續說明。」

蒂蒂：「決定的是什麼……」

我：「沒錯，在剛才的例子中，知道 θ 是多少，$\dfrac{b}{c}$ 即能確定。」

蒂蒂：「……」

我：「亦即『sin 能由 θ 求出 $\dfrac{b}{c}$ 』。」

蒂蒂：「啊！」

　　蒂蒂的大眼睛睜得更大，彷彿突然領悟了。

1.7　cos

我：「明白 sin 的意義，cos 會變得簡單許多。現在，請看下面
　　直角三角形的『角 θ』，以及『a、c』兩邊。和剛才討論
　　的邊不一樣吧？」

蒂蒂：「是的。」

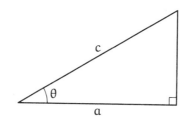

我：「依照剛才的步驟，固定『角 θ 的大小』，拉長『邊 c』。
　　把邊 c 拉成原本的兩倍，便能得到右頁圖的直角三角形。」

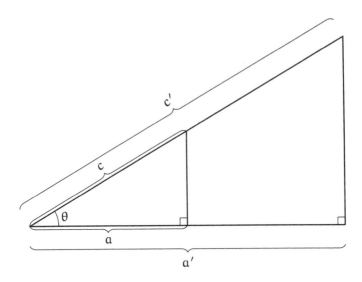

蒂蒂：「下面的邊 a 亦變成兩倍，成為 a'。」

我：「沒錯。這個例子請注意，若『固定角 θ 的大小』，則『邊 a 與邊 c 的比例固定』，而『分數 $\dfrac{a}{c}$ 的數值』就是 cos θ。」

蒂蒂：「與 sin θ 的情況很像！」

以直角三角形兩邊比例，定義 $\cos \theta$ ($0° < \theta < 90°$)

$$\cos \theta = \frac{a}{c}$$

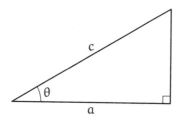

我：「記憶 cos 的定義，可以利用 c 字母的草寫體，依照 $c \rightarrow a$ 的順序寫成分數，而 c 代表 cos。」

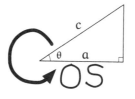

$\cos \theta$ 的記憶法

蒂蒂：「啊，cos 也是『把所求的角 θ 放在左邊』吧！」

我：「是啊，sin 和 cos 的基本知識大概就是如此。」

蒂蒂：「到目前為止，我都聽得懂！」

1.8 拿掉限制

我：「接下來，拿掉 $0° < \theta < 90°$ 的限制。」

蒂蒂：「拿掉……限制？」

我：「沒錯，限制 θ 會有許多不便之處。」

蒂蒂：「我常會忘記那些限制條件……」

我：「妳知道為什麼角 θ 有 $0° < \theta < 90°$ 的限制嗎？因為這是用直角三角形來定義 sin。」

蒂蒂：「嗯，我知道。如果 θ 大於 $90°$，三角形不會是直角三角形。」

我：「沒錯，所以接下來我們不用直角三角形來定義 sin。」

蒂蒂：「什麼？」

我：「接下來，我們用圓重新定義 sin 吧。」

蒂蒂：「用圓來定義三角函數？」

我：「是啊。」

蒂蒂：「所以……在數學上，有兩種 sin 嗎？」

我：「兩種？」

蒂蒂：「一種是用直角三角形定義的 sin，另一種是用圓定義的 sin……」

我：「啊，不對，我不是這個意思。若 $0° < \theta < 90°$，用圓或直角三角形定義的 sin，完全一樣。」

蒂蒂：「這樣啊……有點複雜。」

我：「一點也不複雜，放心，這只是大家公認的規則。」

蒂蒂：「是喔……」

我：「我們從頭複習一遍吧！一開始，我們用直角三角形的兩邊比例定義 sin，構成一個分數。」

以直角三角形兩邊比例，定義 $\sin \theta$（$0° < \theta < 90°$）

$$\sin \theta = \frac{b}{c}$$

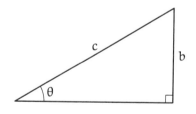

蒂蒂：「沒錯。」

我：「分數 $\dfrac{b}{c}$ 很重要。我們把 c 的長度設為 1 吧，妳可以想成，把直角三角形的三個邊都乘以 c 分之 1。」

蒂蒂：「為什麼要這麼做呢？」

我：「如果 c = 1，則 $\sin\theta = \dfrac{b}{c} = \dfrac{b}{1} = b$，算式會變簡單。」

蒂蒂：「這樣啊……」

我：「而且，如果 $\sin\theta = b$，則三角形的一邊會等於 sin 的值。」

用直角三角形兩邊比例，定義 $\sin\theta$（$0° < \theta < 90°$）

$$\sin\theta = b \quad (c = 1)$$

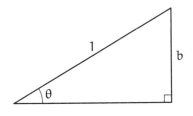

我：「將直角三角形 θ 角所在的頂點，置於座標平面的原點，並將直角置於 x 軸上，第三個頂點表示為 P，可畫出下頁的圖。」

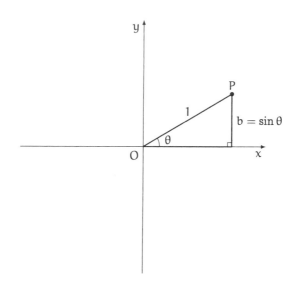

將直角三角形置於座標平面上

蒂蒂：「……」

我：「這時，因為 c＝1，所以頂點 P 的『高度』是 $\sin\theta$ 。」

蒂蒂：「高度？」

我：「高度就是座標平面上，『P 點比 x 軸高多少』的意思。」

蒂蒂：「啊，我知道了。」

我：「來出題吧！若改變角 θ，點 P 可畫出什麼圖形呢？」

問題

若改變角 θ，點 P 可畫出什麼圖形呢？

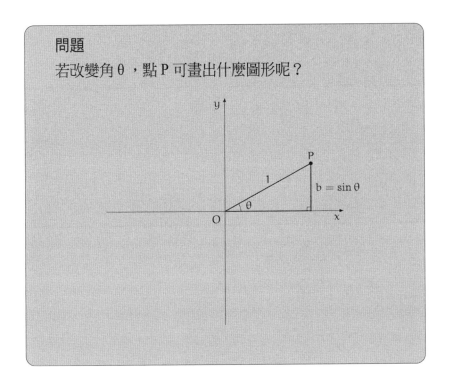

蒂蒂：「抱歉，我不確定……不過，看起來彎彎的，應該是圓吧？」

我：「沒錯，就是圓。因為點 O 和點 P 的距離固定為 1，和圓規轉一圈所畫的圓一樣。點 P 的軌跡是一個圓。」

蒂蒂：「原來如此。」

我：「對了，蒂蒂⋯⋯不需要說『抱歉』啦，妳沒有錯。」

蒂蒂：「啊，好，抱歉！⋯⋯啊！不是啦！」

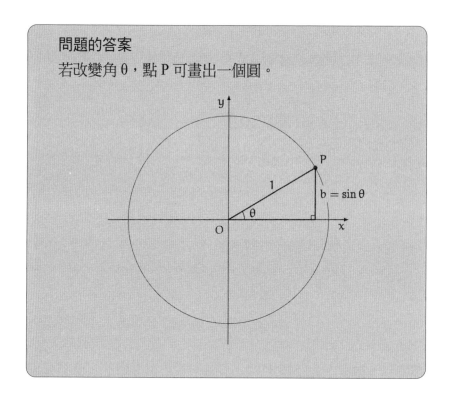

問題的答案
若改變角 θ，點 P 可畫出一個圓。

我：「半徑是 1 的圓，稱為**單位圓**。而上圖中的單位圓，以原點為圓心。」

蒂蒂：「單位圓啊⋯⋯」

蒂蒂在《秘密筆記》裡，記下這個專有名詞。

我：「如此一來，我們便能擺脫直角三角形的束縛。」

蒂蒂：「我們之前有被直角三角形束縛嗎？」

我：「有，因為我們用直角三角形來定義 $\sin\theta$。假如 $\theta=0°$，即無法形成直角三角形，沒辦法繼續解題。」

蒂蒂：「如果角度是 $0°$，直角三角形會啪一聲，被壓扁！」

我：「沒錯。以圓定義 $\sin\theta$，則可規定『$\sin\theta$ 為點 P 的 y 座標』。」

蒂蒂：「點 P 的 y 座標……」

我：「直接看圖比較容易瞭解喔。」

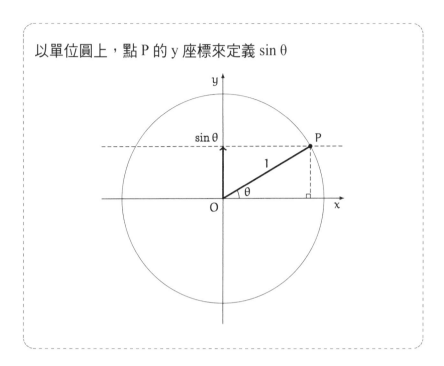

以單位圓上，點 P 的 y 座標來定義 sin θ

蒂蒂：「……」

我：「由上圖可知，在 $0° < θ < 90°$的範圍內，以這個方式定義的 sin θ 值，和以直角三角形定義的 sin θ 值，完全一樣。」

蒂蒂：「真的耶，裡面有一個直角三角形！」

我：「沒錯。」

蒂蒂：「啊……我明白學長說的『高度』，是什麼意思了。」

我：「請注意，點 P 改變位置，『高度』有可能變成負值。」

蒂蒂：「變成負值？」

我：「是啊。改變 θ，可能會使 $\sin \theta < 0$，請看下圖的例子。」

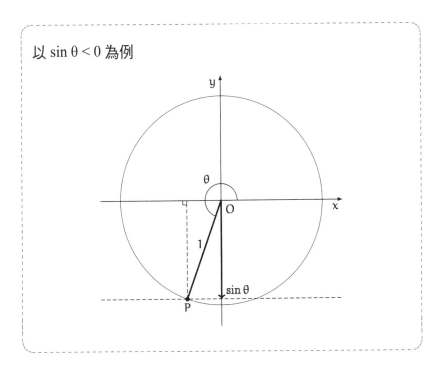

以 $\sin \theta < 0$ 為例

蒂蒂：「原來如此！點 P 可能會潛到 x 軸下面。」

我：「把 θ 值逐漸加大的情形畫成圖，可以看得很清楚。」

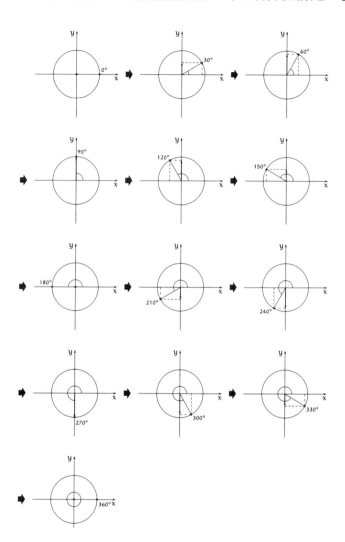

在單位圓的圓周上，每 30°標一點

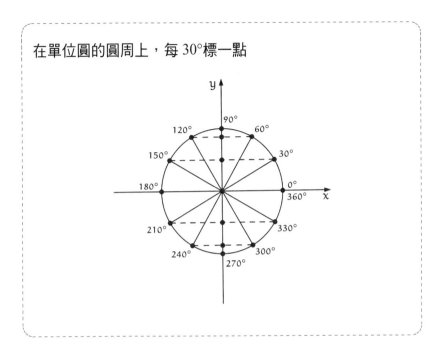

蒂蒂：「原來如此……啊！學長！下面的式子會成立嗎？」

$$-1 \leq \sin\theta \leq 1$$

我：「是的！正是如此。為什麼妳會想到這個式子呢？」

蒂蒂：「因為這個圓的半徑是 1，圓最『高』點的 y 座標是 1，所以最『低』點的 y 座標應該是 −1。而且點 P 的 y 座標是 $\sin\theta$，所以 $\sin\theta$ 一定介於 −1 和 1 之間！」

我：「沒錯，妳竟然發現這一點，很厲害喔！不管角度 θ 是多少，$-1 \leq \sin \theta \leq 1$ 永遠成立。這性質是由 $\sin \theta$ 的定義推導出來的。」

蒂蒂：「瞭解！」

1.9　sin 曲線

米爾迦：「什麼事讓你們這麼開心？」

蒂蒂：「啊，米爾迦學姊！剛才學長教我 sin 的性質！」

　　米爾迦是我的同班同學。她留著一頭黑色長髮，戴著金框眼鏡，是個數學才女，放學後常和我們一起討論數學。米爾迦看了一眼我們的筆記。

米爾迦：「喔──接下來，該談 sin 曲線吧。」

蒂蒂：「sin 曲線……是什麼呢？」

　　米爾迦坐到蒂蒂旁邊的位子，順手抽走我手中的自動鉛筆，開始說明。雖然她看來很冷淡，但我看得出來，米爾迦迫不及待想為蒂蒂說明，什麼是 sin 曲線。

米爾迦：「蒂蒂，單位圓所在的座標平面，橫軸和縱軸是什麼呢？」

蒂蒂：「嗯……x 軸和 y 軸嗎？」

米爾迦：「沒錯，所以把單位圓上的點用 (x, y) 來表示，便能發

現單位圓上，每個點的 x 和 y 都有著某種關係。」

我：「也就是，滿足某個條件。」

蒂蒂：「啊，沒錯。這概念與以前描繪的二次函數拋物線一樣[*1]。」

米爾迦：「在這個圖的右邊，再畫一個圖，橫軸換成 θ，縱軸依舊是 y。」

蒂蒂：「橫軸換成 θ⋯⋯」

我：「妳之前說過座標平面的縱軸和橫軸很重要吧，米爾迦？」

米爾迦輕輕點頭，繼續說明，似乎很樂在其中。

米爾迦：「先將 θ 設定為 0°，對齊兩張圖的點。」

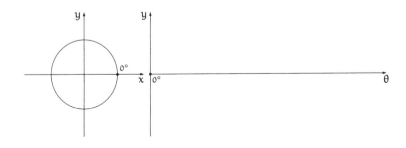

θ=0°，對齊兩張圖的點

蒂蒂：「嗯⋯⋯右圖橫軸是 θ⋯⋯原來如此！θ=0°，所以 $y=\sin 0°=0$ ？」

[*1] 請參考《數學女孩秘密筆記：公式・圖形篇》第 5 章。

米爾迦：「沒錯，接著看 θ＝30°。θ 越來越大，兩張圖的點會
　　　　以不同方式移動。左圖的點會繞圈**旋轉**，右圖的點會向右
　　　　前進。」

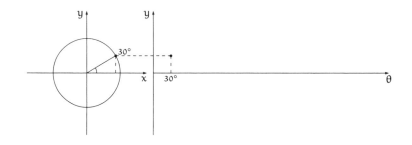

蒂蒂：「我想一下……啊，我懂了！左圖的點旋轉得多高，右
　　　圖的點就會往上移多高。」

我：「這是因為兩張圖的縱軸都是 y 軸。」

米爾迦：「接下來，是 θ＝60°。左圖點的**旋轉**角度是 θ＝30°的
　　　　兩倍，右圖點向右**前進**的距離也是兩倍。」

蒂蒂：「啊……我大概明白為什麼右圖要把 θ 當作橫軸了。」

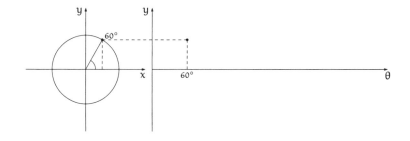

米爾迦：「角度再加 30°，θ 變成 90°。」

蒂蒂：「啊！所以 sin θ = sin 90° = 1！剛好在圓的最高點！」

我：「此時，sin θ 是**最大值**。」

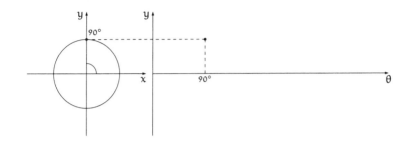

米爾迦：「角度再加 30°，θ 變成 120°。」

蒂蒂：「此時的高度反而會下降吧！很好懂呢。」

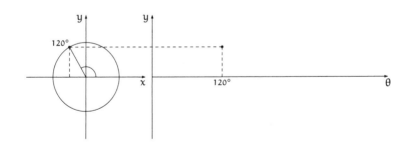

米爾迦：「角度再加 30°……」

蒂蒂：「嗯……θ 變成 150°。」

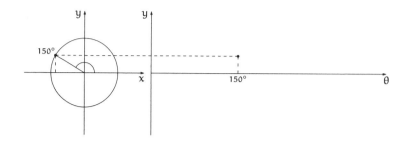

米爾迦:「接著是 θ = 180°——」

蒂蒂:「點回到橫軸!因為 sin 180° = 0。」

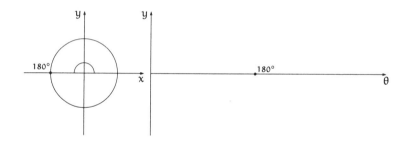

我:「如果 θ 繼續增加,sin θ 會變成負值喔。」

蒂蒂:「真的耶,左圖的點跑到 x 軸的下面。180° 加 30°,θ 變成 210°。」

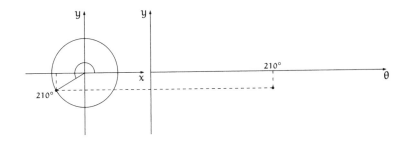

米爾迦：「接下來是 240°。」

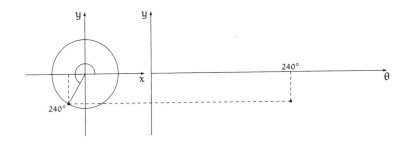

蒂蒂：「嗯……不過，我們平常不太使用 240° 這個角度，為什麼要討論呢？」

米爾迦：「因為對稱性啊。」

蒂蒂：「對稱性？」

米爾迦：「接下來是 270°。」

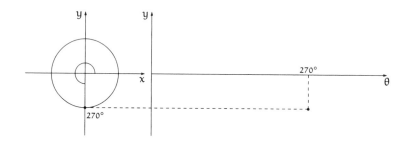

蒂蒂：「啊！變成-1，因為 $\sin 270° = -1$！」

我：「此時，$\sin \theta$ 是最小值。」

蒂蒂：「$\sin \theta = 90°$是最大值，$\sin \theta = 270°$是最小值！」

米爾迦：「接下來是 $300°$。」

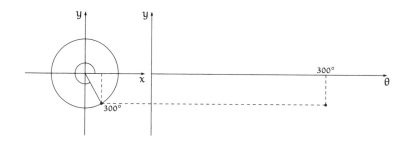

蒂蒂：「看起來⋯⋯有似曾相識的感覺。」

米爾迦：「接下來是 $330°$。」

蒂蒂：「越看越像啊⋯⋯我總覺得這個高度重複出現過！雖然上下顛倒——也就是，正負相反啦。」

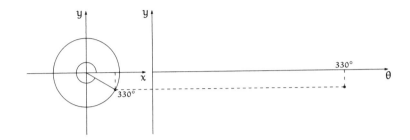

米爾迦：「接下來是 360°。」

蒂蒂：「轉一圈，最後回到原點，sin 360° = 0。」

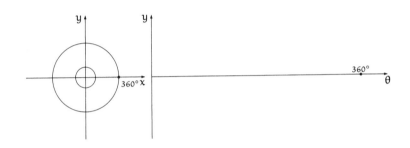

我：「蒂蒂，妳看得出來 sin 曲線的模樣嗎？」

蒂蒂：「嗯，看出來了！左圖的點在繞圈子，右圖的點則『扭扭捏捏』地移動。」

米爾迦：「這個『扭扭捏捏』的移動軌跡，就是 sin 曲線。我們把點標出來，再進一步把點連成曲線吧，如下頁！」

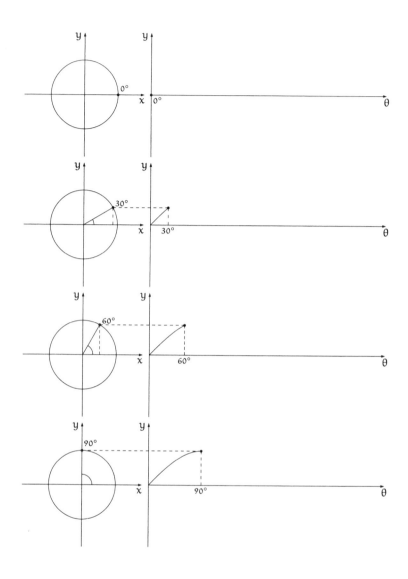

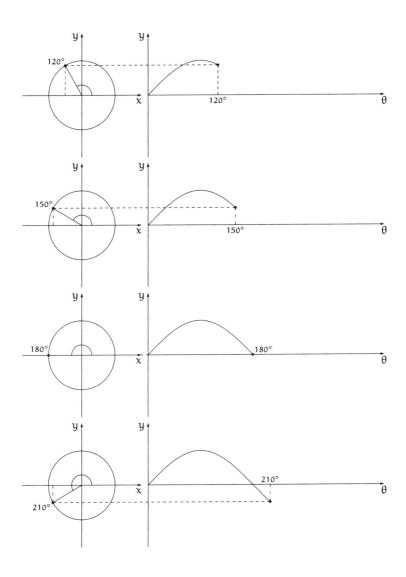

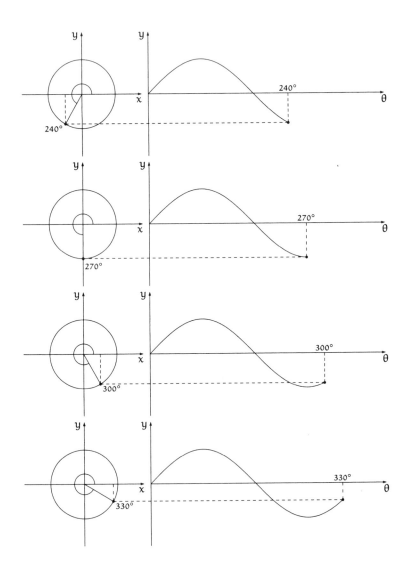

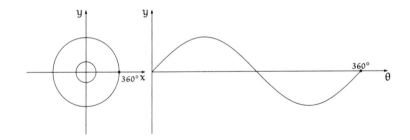

蒂蒂：「好漂亮！這就是 sin 曲線啊！」

我：「的確很漂亮。」

米爾迦：「左圖是單位圓，右圖是 sin 曲線，對照著看更美呢。」

單位圓對照 sin 曲線

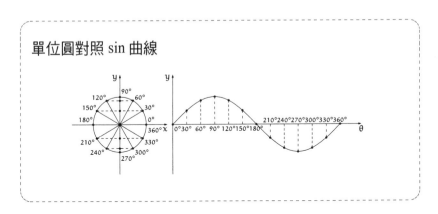

蒂蒂：「米爾迦學姊，cos 曲線長什麼樣子呢？」

米爾迦：「cos 曲線？」

蒂蒂：「是啊，現在我知道如何依據 sin θ 畫 sin 曲線，但還是
　　　不知道如何依據 cos θ 畫 cos 曲線……」

米爾迦：「一般不會稱為 cos 曲線，依據 cos θ 所畫的曲線，也
　　　　稱為 sin 曲線。」

蒂蒂：「名字一樣？」

米爾迦：「sin θ 的圖形和 cos θ 的圖形很像，但還是有點不同。
　　　　蒂蒂能自己畫吧？」

蒂蒂：「咦？」

米爾迦：「以圓定義 sin θ，sin θ 即表示 y 座標，而 cos θ 則表
　　　　示 x 座標。利用這個概念，蒂蒂便能自己畫出 cos 的圖
　　　　形。」

以單位圓上，點 P 的 x 座標來定義 cos θ

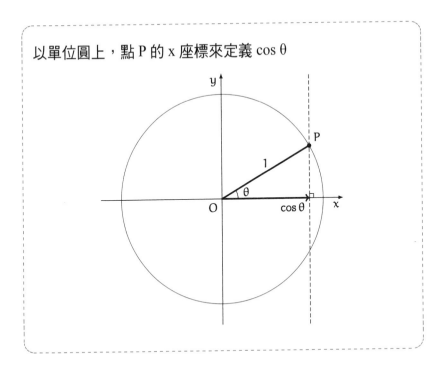

瑞谷老師：「放學時間到！」

一到這個時間，管理圖書室的瑞谷老師便會要求大家離開，我們的數學對話到此告一段落。究竟蒂蒂能不能由前面所學的知識，畫出 cos θ 的圖形呢？

「若名字能完整表現本質，我們便只需知道名字吧？」

附錄：英文字母

小寫	大寫
a	A
b	B
c	C
d	D
e	E
f	F
g	G
h	H
i	I
j	J
k	K
l	L
m	M
n	N
o	O
p	P
q	Q
r	R
s	S
t	T
u	U
v	V
w	W
x	X
y	Y
z	Z

附錄：希臘字母

小寫	大寫	讀法
α	A	alpha
β	B	beta
γ	Γ	gamma
δ	Δ	delta
ϵ ε	E	epsilon
ζ	Z	zeta
η	H	eta
θ ϑ	Θ	theta
ι	I	iota
κ $\varkappa$	K	kappa
λ	Λ	lambda
μ	M	mu
ν	N	nu
ξ	Ξ	xi
o	O	omicron
π ϖ	Π	pi
ρ	P	rho
σ	Σ	sigma
τ	T	tau
υ	Υ	upsilon
ϕ φ	Φ	phi
χ	X	chi
ψ	Ψ	psi
ω	Ω	omega

附錄：三角板與三角函數的值

三角板的角度包括 30°、45°、60°，我們來算這些角度的 sin 和 cos 值吧。

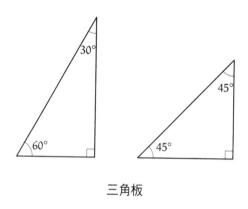

三角板

首先，30°和 60°的三角函數是多少呢？

如下頁圖，合併兩個有 60°角的三角形，便能得到三個角皆為 60°的三角形 ABB'。因為三個角的大小完全相同，所以三角形 ABB' 是正三角形，而 BB' = AB。

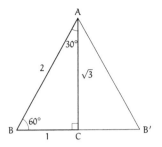

若 BC = 1，則 B'C = 1，且 BB' = AB = 2。由畢氏定理（商高定理）可求出，直角三角形 ABC 的 AC 長度。

$$BC^2 + AC^2 = AB^2 \qquad \text{畢氏定理}$$
$$1^2 + AC^2 = 2^2 \qquad \text{因為 } BC = 1 \text{，且 } AB = 2$$
$$AC^2 = 3$$
$$AC = \sqrt{3}$$

求得 AC = $\sqrt{3}$，便可算出下列三角函數的數值。

$$\cos 30° = \frac{AC}{AB} = \frac{\sqrt{3}}{2}$$
$$\cos 60° = \frac{BC}{AB} = \frac{1}{2}$$
$$\sin 30° = \frac{BC}{AB} = \frac{1}{2}$$
$$\sin 60° = \frac{AC}{AB} = \frac{\sqrt{3}}{2}$$

接著算 45° 的三角函數值。

三角形 DEF 中，角 D 和角 E 皆為 45°，所以三角形 DEF 為
DF = EF 的等腰三角形。

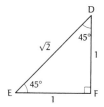

假設 DF = EF = 1，則由畢氏定理可求得 DE 的長度。

$$DF^2 + EF^2 = DE^2 \qquad \textbf{畢氏定理}$$
$$1^2 + 1^2 = DE^2 \qquad \textbf{因為 } DF = EF = 1$$
$$DE^2 = 2$$
$$DE = \sqrt{2}$$

求得 DE = $\sqrt{2}$，便可算出下列三角函數的數值。

$$\cos 45° = \frac{EF}{DE} = \frac{1}{\sqrt{2}} = \frac{\sqrt{2}}{2}$$
$$\sin 45° = \frac{DF}{DE} = \frac{1}{\sqrt{2}} = \frac{\sqrt{2}}{2}$$

彙整以上結果，可得下表。

三角板與三角函數的值

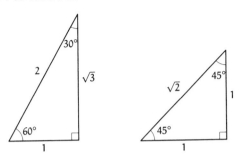

θ	30°	45°	60°
cos θ	$\dfrac{\sqrt{3}}{2}$	$\dfrac{1}{\sqrt{2}} = \dfrac{\sqrt{2}}{2}$	$\dfrac{1}{2}$
sin θ	$\dfrac{1}{2}$	$\dfrac{1}{\sqrt{2}} = \dfrac{\sqrt{2}}{2}$	$\dfrac{\sqrt{3}}{2}$

第 1 章的問題

> 首先，必須徹底理解問題。
> 亦即，我們必須明瞭自己追尋的答案所具有的意義。
> ——波利亞（George Pólya）

●問題 1-1（求 sin θ）

請求 sin 45°的值。

（解答在第 280 頁）

●問題 1-2（由 sin θ 求 θ）

假設 $0° \leq θ \leq 360°$，且 $\sin θ = \dfrac{1}{2}$，請求 θ 值。

（解答在第 282 頁）

●問題 1-3（求 cos θ）

請求 cos 0°的值。

（解答在第 283 頁）

●問題 1-4（由 cos θ 求 θ）

假設 $0° \leq θ \leq 360°$，且 $\cos θ = \dfrac{1}{2}$，請求 θ 值。

（解答在第 284 頁）

●問題 1-5（x = cos θ 的圖形）

假設 $0° \leq θ \leq 360°$，請畫 x = cos θ 的圖形，橫軸請設為 θ，縱軸請設為 x。

（解答在第 285 頁）

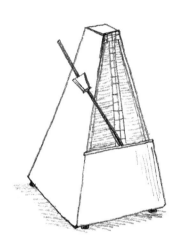

第 2 章

來來回回的軌跡

「來來回回的軌跡並不稀奇──」

2.1　我的房間

由梨：「哥哥，這是什麼啊？」

　　由梨拿起我隨意亂放的活頁紙，這麼問我。她現在國中二年級，是我的表妹，住在我家附近，常常跑到我的房間，和我一起玩，總是叫我「哥哥」。

我：「妳問這個圖嗎？」

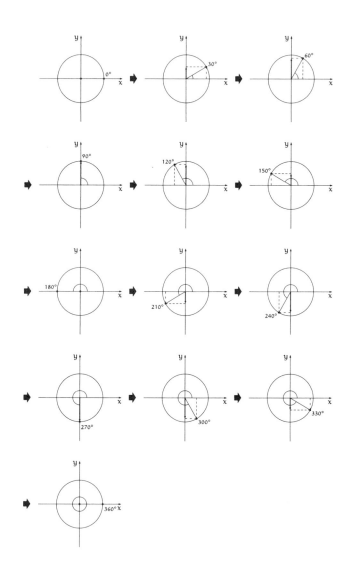

由梨：「看起來好像很有趣。」

　　由梨饒富興味地看著這些圖。她一如往常，穿著牛仔褲，頭輕輕一轉，栗色馬尾便隨之擺動。

我：「這真的很有趣。這些是以原點 (0, 0) 為圓心的**單位圓**……」

由梨：「單位圓？」

我：「單位圓就是半徑為 1 的圓。」

由梨：「這樣啊……」

我：「讓圓周上的點，每次前進 30°，沿著圓周轉。」

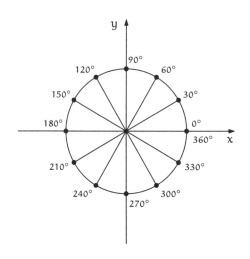

在單位圓的圓周上，使點每次前進 30°

由梨：「喔！點總共繞 360°吧！」

我：「沒錯，到達 360°即是回歸 0°。」

由梨：「這哪裡有趣？」

我：「用單位圓能定義三角函數呀！」

由梨：「三角函數？聽起來好難！」

我：「一點也不難。以原點 $(0, 0)$ 為圓心的單位圓，圓周上的點『x 座標是 cos』、『y 座標是 sin』，很簡單吧！」

由梨：「啊，我聽過 cos 和 sin。」

我：「假設轉動的角度是 θ，則⋯⋯」

- x 座標稱為 cos θ
- y 座標稱為 sin θ

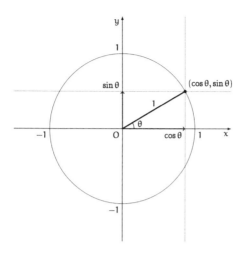

單位圓的圓周上，點 $(x, y) = (\cos\theta, \sin\theta)$

由梨：「為什麼？」

我：「呃……沒有原因，這就是 $\cos\theta$ 和 $\sin\theta$ 的**定義**──以原點 $(0, 0)$ 為圓心所畫的單位圓，圓周上的點座標代表 $\cos\theta$ 和 $\sin\theta$ 的數值。簡單來說，只是因為這些數值很常用，所以才幫它們**取名字**。」

由梨：「就像『$\cos$ 妹妹』或『$\sin$ 弟弟』嗎？」

我：「是啊。三角函數聽起來很難懂，不過實際在單位圓上標出點的位置，$\cos$ 和 $\sin$ 便一目瞭然。$\cos$ 是 x 座標，$\sin$ 是 y 座標，當點沿著圓周轉，角度 θ 改變，x 座標和 y 座標即會有所變化，很簡單吧。定義很簡單，但三角函數還有許多有趣的公式……」

由梨：「算式狂熱者出現了！這張圖是什麼？」

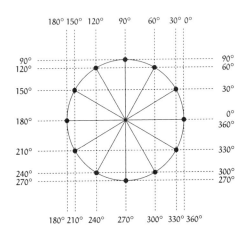

我：「我只是隨便畫，把幾個點連起來。」

由梨：「圓周上的數字是什麼？」

我：「那是角度，我假設有個點沿著單位圓的圓周繞圈，並標出 0° 會在哪條線上，30° 會在哪條線上……」

由梨：「喔——」

我：「因為 cos 是 x 座標，所以角度改變，縱線會左右移動。sin 是 y 座標，所以角度改變，橫線會上下移動。」

由梨：「……」

我：「妳聽不懂嗎？縱線左右移動的位置就是 cos，而橫線上下移動的位置就是 sin。」

由梨：「我說啊——為什麼要寫成 0° 和 30° 呢？寫成 cos 0° 和 sin

30°不好嗎？」

我：「妳說的沒錯，這只是我隨便畫的嘛。」

由梨：「看起來有點像時鐘耶。」

我：「是啊，以30°為間隔，剛好可以分成十二等分，而且還有從圓心向外輻射的線條，真的很像時鐘。不過，角度增加，這個時鐘會朝相反方向繞──逆時針旋轉。」

由梨：「即使沒有向外輻射的線，看起來也很像時鐘──」

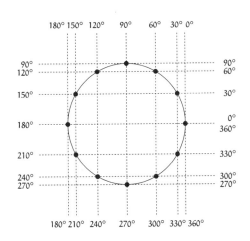

我：「是啊。」

由梨：「縱線和橫線相互交叉，把圓切成格狀，看起來很整齊。」

我：「是啊……不過由梨，數學不會用『交叉』這個詞，一般會說成『線條的交點』，雖然圖看起來的確很像交叉的道路。」

由梨：「各條縱線之間，以及各條橫線之間，間隔時大時小，使交點排成圓形，真有趣喵！」

　　由梨發出獨特的貓語，便安靜下來。她盯著圖，陷入沉思。

由梨：「哥，縱線和橫線各有七條吧？」

我：「是啊，縱線七條，橫線七條。」

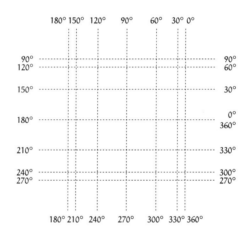

縱線和橫線各有七條

由梨：「$7 \times 7 = 49$，所以有四十九個交點吧？」

我：「是啊。」

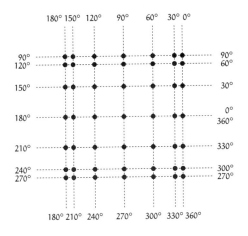

有四十九個交點

由梨：「這麼多交點，如果用其他方法連起來，應該能畫出其他圖形吧。」

我：「由梨！妳的想法太棒了！」

由梨：「嚇我一跳！有這麼棒嗎？」

我：「嗯，我們把它畫成圖形吧！」

由梨：「咦？」

2.2　畫成圖形

我：「剛才我說過，單位圓的 x 座標是 cos，y 座標是 sin。」

由梨：「嗯。」

我：「剛才的圖中，這兩個函數是同樣的 θ。」

由梨：「咦？」

我：「亦即，cos 和 sin 取一樣的角度，會畫出單位圓。點 (x, y) = (cos θ, sin θ) 所畫的圖，就是單位圓。」

由梨：「嗯⋯⋯所以呢？」

我：「如果 cos 和 sin 取的角度相差 30°呢？例如，先讓 sin 前進 30°，會形成什麼圖形呢？換句話說，點 (x, y) = (cos θ, sin(θ +30°)) 會畫出什麼圖形？」

由梨：「你在說什麼！我聽不懂啦！好難──」

我：「一點也不難，我們用右頁的圖形說明吧。舉例來說，代表 0° 的縱線和代表 0° 的橫線，會在某個點交會。」

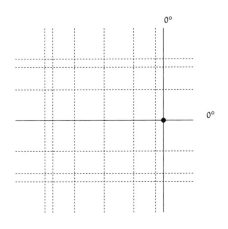

點 (x, y) = (cos 0°, sin 0°)

由梨:「嗯。」

我:「以這個點 (cos 0°, sin 0°) 為起點,繞一圈,會形成單位
　　圓。」

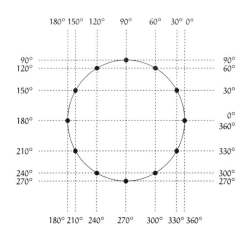

(x, y) = (cos θ, sin θ) 所畫的圖形

由梨：「嗯，所以呢？」

我：「如果 sin 先往前 30°，圖形會變成怎麼樣？『sin 先往前 30°』是指『橫線先往前一步』的意思，也就是說，(cos 0°, sin 30°) 這個點會變成起點。」

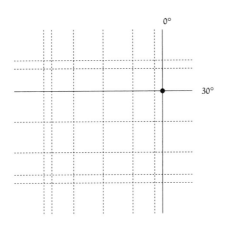

點 (x, y) = (cos 0°, sin 30°)

由梨:「喔,原來如此,橫線先往上移動呀。這會造成什麼變化呢?」

我:「這就是我出的題目。如果橫線一直保持比縱線多 30°的狀態,而 θ 持續增加,會發生什麼事呢?」

由梨:「嗯……」

題目

點 $(x, y) = (\cos\theta, \sin\theta)$ 可畫出單位圓。

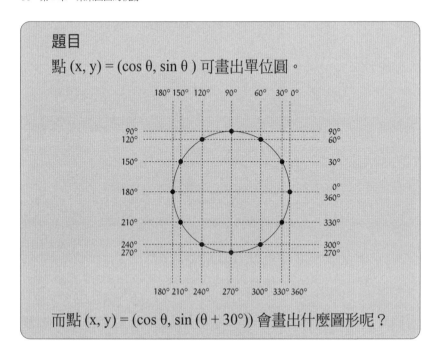

而點 $(x, y) = (\cos\theta, \sin(\theta + 30°))$ 會畫出什麼圖形呢?

我:「總之,先畫畫看吧。下一步是縱線為 30°,橫線為 60°,亦即 $(\cos 30°, \sin 60°)$,如右頁圖。」

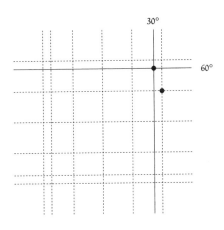

點 (x, y) = (cos 30°, sin 60°)

由梨：「啊，點往斜上方跑了，會形成一個很大的圓形嗎喵？」

我：「下一步的 x 座標是 cos 60°……而 sin 是幾度呢？」

由梨：「60°的下一個……是 90°吧？」

我：「沒錯，y 座標是 sin 90°，由梨很厲害喔。下頁圖標出此點的位置。」

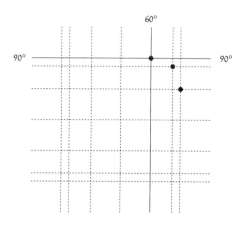

點 (x, y) = (cos 60°, sin 90°)

由梨：「看吧，真的是一個很大的圓形！」

我：「下一步是 (cos 90°, sin 120°) 吧。」

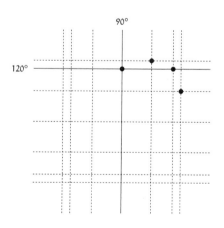

點 (x, y) = (cos 90°, sin 120°)

由梨：「咦！不是圓形耶！」

我：「下一步是 (cos 120°, sin 150°)。」

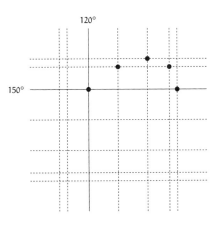

點 (x, y) = (cos 120°, sin 150°)

由梨：「怎麼不是圓形……這是橢圓吧！」

我：「沒錯，似乎會畫出橢圓呢。」

由梨：「嗯！」

我：「下一步是 (cos 150°, sin 180°)。」

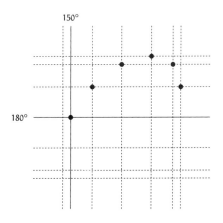

點 (x, y) = (cos 150°, sin 180°)

由梨:「哥哥,接下來讓我畫畫看嘛,按照順序,一個個點出
　　交點!」

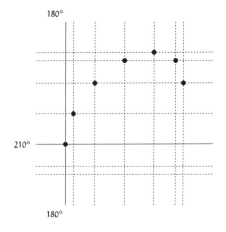

點 (x, y) = (cos 180°, sin 210°)

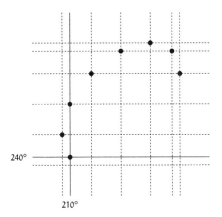

點 (x, y) = (cos 210°, sin 240°)

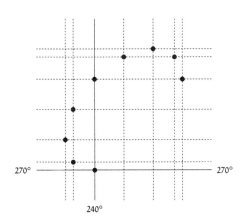

點 (x, y) = (cos 240°, sin 270°)

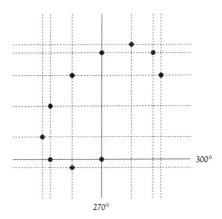

點 (x, y) = (cos 270°, sin 300°)

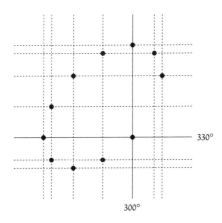

點 (x, y) = (cos 300°, sin 330°)

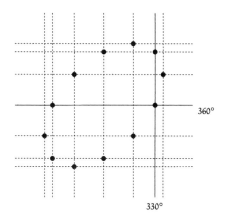

點 (x, y) = (cos 330°, sin 360°)

由梨:「完成!」

我:「妳完成啦。sin 比 cos 往前 30°,可畫出橢圓。」

由梨:「沒錯!」

解答

點 (x, y) = (cos θ, sin θ) 可畫出單位圓。

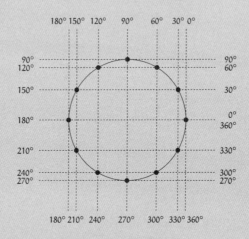

點 (x, y) = (cos θ, sin(θ + 30°)) 可畫出橢圓。

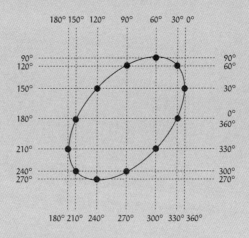

2.3 往前一點，會有什麼變化？

我：「由梨，剛才我們讓 sin 比 cos 往前 30°，畫出橢圓；那麼讓 sin 比 cos 往前 60°，會變成什麼圖形呢？」

由梨：「我畫畫看！」

由梨迅速畫下 sin 與 cos 相差 60°的圖形。

我：「完成了嗎？」

由梨：「完成了！是細長的橢圓！」

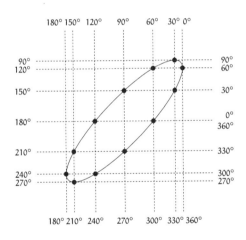

點 $(x, y) = (\cos \theta, \sin (\theta + 60°))$ 所畫的圖形

我：「接下來……」

由梨：「接下來，讓 sin 比 cos 往前 90°！」

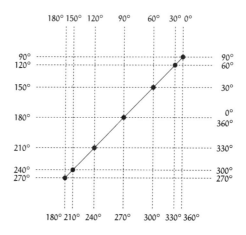

點 (x, y) = (cos θ, sin (θ + 90°)) 所畫的圖形

我：「橢圓消失，變成直線！」

由梨：「因為有一半的交點重疊啦——」

2.4　往後一點，會有什麼變化？

由梨：「真好玩……」

我：「反過來，讓橫線比縱線少 30°，會怎麼樣呢？」

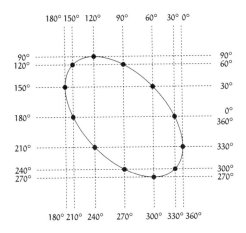

點 (x, y) = (cos θ, sin (θ −30°)) 所畫的圖形

由梨：「橫線比縱線少 60°的圖形如下！」

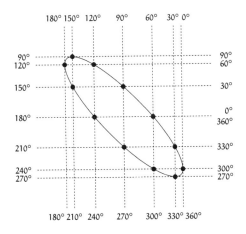

點 (x, y) = (cos θ, sin (θ −60°)) 所畫的圖形

我：「sin 比 cos 少 90°，橢圓會消失！」

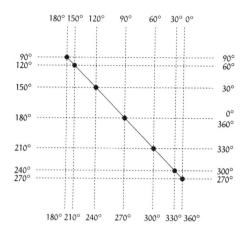

點 (x, y) = (cos θ, sin (θ − 90°)) 所畫的圖形

由梨：「哥哥！把角度錯開，可以畫出橢圓耶！」

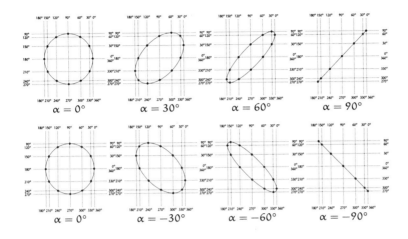

點 (x, y) = (cos θ, sin (θ + α)) 所畫的圖形

我：「是啊，這些圖就像從不同角度斜看圓形。從側面看過去，圓形會變成直線呢。構成這些圖形的點，都包含於我們剛才提過的四十九個點。」

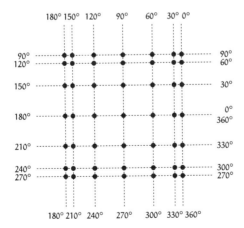

由梨：「喔！真的耶！」

我：「再來畫別種圖形吧！」

2.5 變成兩倍，會有什麼變化？

由梨：「要畫哪種圖形呢？」

我：「嗯，我想想看……剛才我們移動縱線和橫線，每次都增加相同角度吧。」

由梨：「是啊，每次都是 30°。」

我：「這次試試看——縱線增加 30°，橫線增加 60°吧。」

由梨：「差兩倍嗎？這樣只會讓圖形變大吧？」

我：「不，因為半徑沒有改變，所以圓的大小不會改變。」

由梨：「這樣啊，不管怎麼變，都不會跳出這四十九個點的限制呀……不過，我很難想像圖形的樣子喵。」

我：「描繪橢圓，縱線和橫線每次都前進一格吧？」

由梨：「是啊。」

我：「而交點到達底端，會往回走。」

由梨：「嗯，像反彈回來一樣。」

我：「我這次出的**題目**是──若『**縱線向左右移動一格**』的同時，『**橫線向上下移動兩格**』，縱線和橫線的交點會畫出什麼圖形。」

由梨：「好好玩！」

我：「我們實際操作吧。」

由梨：「等一下！先讓我想像一下！」

我：「好啊，我等妳吧。」

　　由梨陷入沉思，栗色馬尾在陽光下閃耀金色光芒。雖然她常嫌數學麻煩，但是一旦產生興趣，便無法停止思考。不過，她似乎沒注意到自己的這個特點⋯⋯

由梨：「抱歉，我還是沒什麼頭緒喵！」

我：「實際畫畫看吧。」

由梨：「嗯！不過，我明白了一件事。」

我：「什麼事？」

由梨：「縱線增加 30°，橫線就要增加 60° 吧？」

我：「沒錯。」

由梨：「所以，縱線轉一圈，橫線會轉兩圈吧？」

我：「啊，的確如此。」

由梨：「兩者轉的圈數不同⋯⋯因為圓周上的點跑來跑去，所以縱線和橫線會──**來來回回**地移動嗎？」

我：「嗯，我大概知道由梨想說什麼。縱線來回跑一遍，橫線
　　卻來回跑兩遍。」

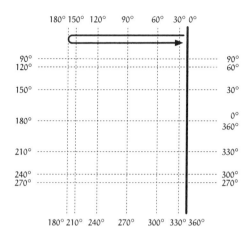

縱線來回跑一遍……

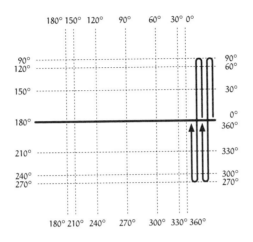

橫線來回跑兩遍

由梨：「沒錯！我就是這個意思，軌跡『來回』移動。」

我：「實際畫畫看吧。」

由梨：「好啊！」

我：「首先，確認起點。起點是單位圓的圓周上，0°的地方，亦即縱線和橫線皆為 0° 的交點。」

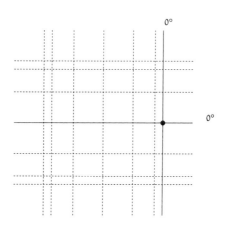

點 (x, y) = (cos 0°, sin 0°)

我：「下一步，縱線往左移動一格，橫線往上移動兩格。因此，縱線停在 30°的位置，橫線停在 60°的位置。」

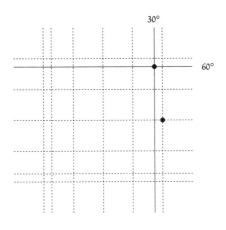

點 (x, y) = (cos 30°, sin 60°)

由梨：「嗯，這個我知道，交點斜向往上跳，不過，接下來我不曉得會怎麼變化。」

我：「嗯，這很難想像吧。下一步，縱線同樣往左移動一格，橫線則移動兩格，請注意，橫線從 60°的地方再增加 60°，來到 120°的位置。也就是說，橫線移動了兩格，再反彈回原來的位置。」

由梨：「啊！」

我：「所以，縱線會停在 60°的位置，橫線則停在 120°的位置——等於沒有移動。」

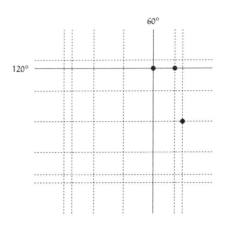

點 (x, y) = (cos 60°, sin 120°)

由梨：「這樣啊。」

我：「目前還不曉得形狀會變得如何唷。」

由梨：「嗯。」

我：「下一步，縱線像之前一樣加 30°，變成 90°，橫線則加 60°，變成 180°。」

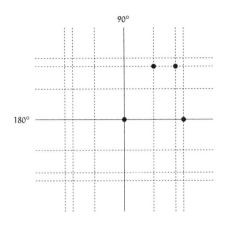

點 (x, y) = (cos 90°, sin 180°)

由梨：「圖形應該是橢圓吧？細細長長的橢圓。」

我：「是嗎？」

由梨：「我不確定……」

我：「下一步，縱線在 120°的位置，橫線在 240°的位置。」

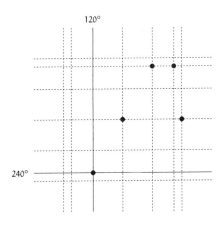

點 (x, y) = (cos 120°, sin 240°)

由梨：「細長的橢圓往下拉得更長！」

我：「不對，由梨，這不是橢圓。妳想一想對稱性，應該能想像接下來圖形會變成什麼樣子。」

由梨：「對稱性？」

我：「下一步，縱線在 150°的位置，橫線在 300°的位置。」

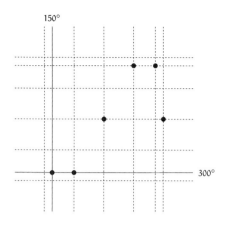

點 $(x, y) = (\cos 150°, \sin 300°)$

由梨：「咦？咦？圖形彎曲的方向反過來了！」

我：「是啊。」

由梨：「可是這樣會『穿過去』吧！」

我：「穿過去？總之，我們先畫下去吧。下一步的縱線在 180°
的位置，橫線在 360°的位置，縱線剛好跑到最左端，橫線
則是來回跑了一遍。」

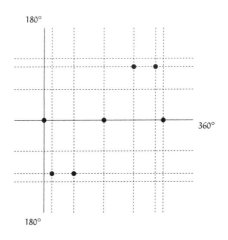

點 (x, y) = (cos 180°, sin 360°)

由梨:「咦?沒想到會長這個樣子,該怎麼形容呢?S 形?」

我:「是旋轉 90°的『S』形,雖然現在只畫到一半,但剩下的
部分妳應該可以想像吧。」

由梨:「嗯……我知道了!剩下的部分是反過來的 S 形,兩個
S 合起來會變成 8 字形!」

我:「我們來確認吧!畫後半部的圖形,縱線在 210°的位置,
橫線在 360°的位置再加 60°──就是 60°的位置。」

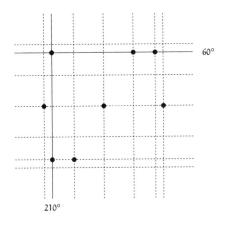

點 $(x, y) = (\cos 210°, \sin 60°)$

由梨：「哥哥！不用算也看得出來！想一想對稱性呀！」

我：「是啊，剩下的圖形如妳所想……」

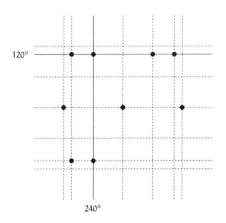

點 (x, y) = (cos 240°, sin 120°)

由梨：「接著，再次穿過中心點。」

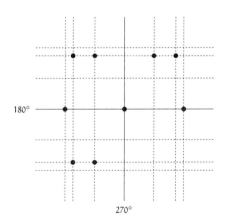

點 (x, y) = (cos 270°, sin 180°)

我：「原來妳的『穿過去』是這個意思啊！」

由梨：「接著，一口氣往右下延伸。」

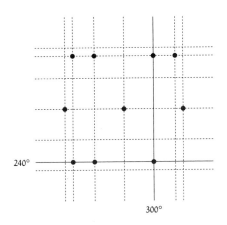

點 $(x, y) = (\cos 300°, \sin 240°)$

我：「沒錯。」

由梨：「再往旁邊移一點。」

我：「其實是橫線到了最底端，又反彈回來。」

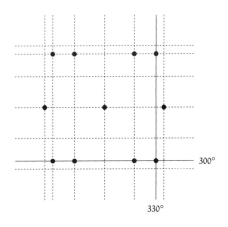

點 (x, y) = (cos 330°, sin 300°)

由梨：「轉了一圈！」

我：「也就是來回跑一遍。縱線左右來回跑一遍，橫線則上下來回跑兩遍。」

由梨：「你看！真的是 8 字形！」

我：「是啊，如果縱線前進的幅度和橫線的比是 1：2，就不會形成橢圓，而會形成平躺的 8 字形。」

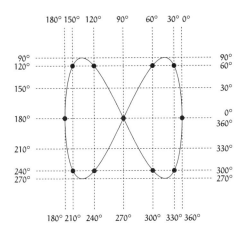

點 (x, y) = (cos θ, sin 2θ) 所畫的圖形

2.6 畫出各種圖形

由梨:「哥哥!繼續畫!」

我:「咦?」

由梨:「多畫一點圖形啦!畫其他圖形嘛!」

我:「這個嘛喵⋯⋯」

由梨:「不要學由梨講話啦——」

我:「我畫畫看這種圖形吧⋯⋯橫線增加的角度一樣是縱線的兩倍,但橫線的起點多 30°。」

由梨:「多 30°⋯⋯」

我：「沒錯，也就是說，起點會在下圖的位置。」

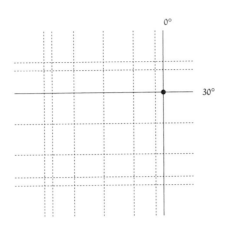

由梨：「咦……之前橫線與縱線差 30°，圖形會由圓形變成橢圓吧？所以，這次會由橢圓變成 8 字形！」

我：「光在腦袋裡想，的確會誤解成這樣……」

由梨：「咦！可是不畫圖就只能這樣想呀！」

我：「好啦，但兩線的起點相差 30°，圖形會像右頁圖喔。」

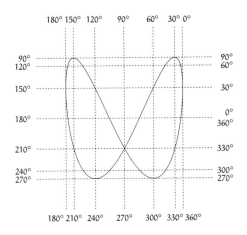

點 (x, y) = (cos θ, sin (2θ + 30°)) 所畫的圖形

由梨:「咦──這不是橢圓!」

我:「的確不是橢圓……」

由梨:「不過,有點像傾斜的 8 字形。」

我:「我們來試試看各種起點吧,或許會有新發現。」

由梨:「哥哥不要故弄玄虛喔。」

我:「首先,從 60°開始。」

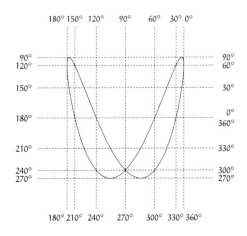

點 (x, y) = (cos θ, sin (2θ + 60°))所 畫的圖形

由梨：「咦——」

我：「接下來，相差 90°。」

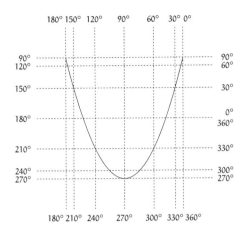

點 (x, y) = (cos θ, sin (2θ + 90°)) 所畫的圖形

由梨：「喔……」

我：「橫線移動幅度固定為縱線的兩倍，只有起點的位置改變，居然能構成完全不同的形狀！」

由梨：「哥哥啊──我看得出圖形『背後的形狀』喔。」

我：「背後的形狀？」

由梨：「你不是說過嗎？『從不同角度斜看，圖形會變成橢圓』，而這個圖形就像斜看折成一半的圓。」

我：「原來如此，其實折成一半的圓就是彎曲的圓。」

由梨：「改變縱線和橫線的移動方式，能畫出不同的形狀。」

　　我和由梨沉浸在不同圖形的樂趣之中。

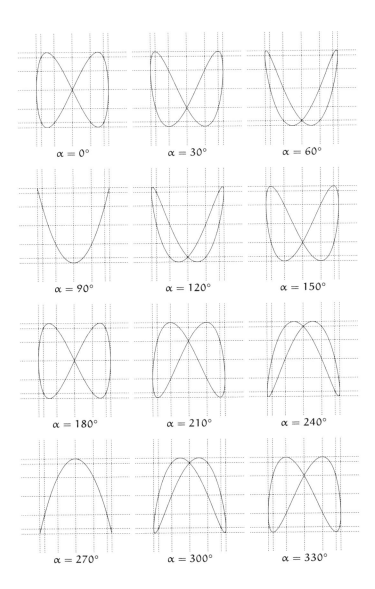

點 (x, y) = (cos θ, sin (2θ + α)) 所畫的圖形

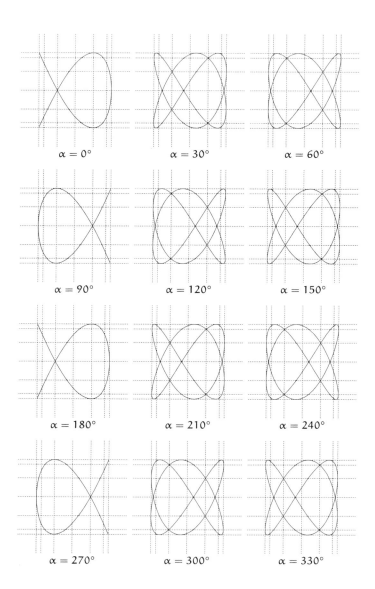

點 (x, y) = (cos 2θ, sin (3θ + α)) 所畫的圖形

由梨：「哥哥！可以畫出這麼多圖形，真的很有趣！」

我：「是啊，這些圖形稱為**利薩如圖形**（Lissajous figure）。」

由梨：「有名字啊！」

我：「是啊，我是在物理課上，第一次看到這種圖形。」

由梨：「物理課？不是數學課嗎？」

我：「嗯，老師教電學實驗的時候，『補充』說明這些圖形，還試範操作示波器。」

由梨：「哇，高中的課好像很好玩！」

我：「很好玩喔，不過，該怎麼說……要看是哪種老師吧。有些老師會說很有趣的事，有些老師不會……」

由梨：「這就是人生啊。」

我：「妳怎麼突然講那麼老氣的話？」

媽媽：「孩子們！大阪燒做好囉，快來吃！」

由梨：「我要吃！我要吃！」

我：「怎麼馬上又變回小孩了？」

　　我和由梨聽到媽媽的呼喚，趕緊走向客廳。愉快的數學對話告一段落──現在是點心時間！

　　　　　　「兩人一起走下去，便會發現不可思議的事。」

附錄：利薩如圖形用紙

請複印這張圖，畫出各種利薩如圖形！

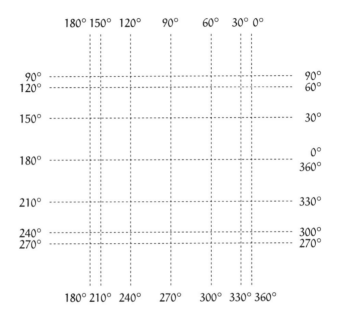

第 2 章的問題

●問題 2-1（cos 和 sin）

請判斷 cos θ 和 sin θ 是大於 0，或小於 0。

- 若大於 0（正數），則填入「＋」
- 若等於 0，則填入「0」
- 若小於 0（負數），則填入「－」

將答案填入以下空格。

θ	0°	30°	60°	90°	120°	150°
cos θ	＋					
sin θ	0					

θ	180°	210°	240°	270°	300°	330°
cos θ	－					
sin θ	0					

（解答在第 288 頁）

●問題 2-2（利薩如圖形）

假設 $0° \leq \theta < 360°$，則下列點 (x, y) 的軌跡，是什麼圖形？

   (1) 點 $(x, y) = (\cos (\theta + 30°), \sin (\theta + 30°))$

   (2) 點 $(x, y) = (\cos \theta, \sin (\theta - 30°))$

   (3) 點 $(x, y) = (\cos (\theta + 30°), \sin \theta)$

請利用第 104 頁的利薩如圖形用紙，實際畫在紙上。

（解答在第 291 頁）

第 3 章

繞世界一圈

「搜集好材料，我就能創造一個世界。」

3.1　在圖書室

這裡是放學後的圖書室，我一如往常地閱讀數學書籍。蒂蒂向我打招呼。

蒂蒂：「學長！在算數學嗎？」

我：「是啊，蒂蒂。」

蒂蒂是個時時充滿活力的女孩，雖然不是非常擅長數學，但是很認真學習。她興致勃勃地看著我的筆記。

蒂蒂：「這個是什麼？」

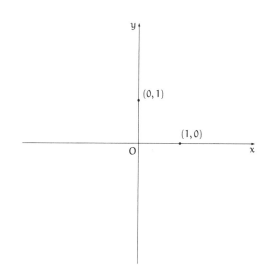

我：「如妳所見，這是**座標平面**。」

蒂蒂：「嗯⋯⋯不過，圖上什麼也沒有。」

我：「嗯，我還在思考，但這張圖不是什麼也沒有喔，我有標
　　出兩個點啊，(1, 0) 和 (0,1)。」

蒂蒂：「沒錯啦。」

我：「(1, 0) 在 x 軸上， (0, 1) 在 y 軸上。這兩個點非常重要，
　　用這兩個點就能創造一個世界。」

蒂蒂：「創造世界？用這兩個點嗎？」

我：「抱歉——我剛才說的世界，是指這個平面啦。」

蒂蒂：「這樣啊……」

蒂蒂一臉驚訝，瞪大的眼睛不斷眨動。

我：「對了，蒂蒂知道『圖形是聚在一起的點』，這句話是什麼意思嗎？」

蒂蒂：「咦？應該知道吧。你是指三角形、圓形、直線這類圖形吧？所有圖形都是由許多點聚在一起所形成的。」

我：「沒錯。在這個座標平面上的圖形，都是由點聚集而成的，稱作『點的集合』。」

蒂蒂：「是的。」

我：「數學常常會用到圖形吧！因為圖形是『點的集合』，所以只要知道如何利用點，即可知道如何利用圖形──妳知道這句話是什麼意思嗎？」

蒂蒂：「是的，我大概明白學長的意思。只要知道如何利用個別的點，即可知道如何利用點聚集而成的圖形，是這個意思吧！不過，具體來說，該怎麼『利用點研究數學』呢？我沒什麼概念……」

我：「舉例來說，之前我們一起畫拋物線的圖形，曾把曲線想成聚集的點[*1]。」

蒂蒂：「嗯，當時我們還寫出圖形的方程式。」

我：「是啊，拋物線方程式若是 $y = x^2$，表示我們把點限制在這個拋物線上。」

---

*1 請參考《數學女孩秘密筆記：公式・圖形篇》第5章。

蒂蒂:「猶如被規則所束縛,不得不排成拋物線。」

我:「沒錯,拋物線上的點,就是此處的點——座標平面的點!將點表示成 (x, y),一定會滿足關係式 $y = x^2$。」

蒂蒂:「這就是圖形的方程式吧。」

我:「嗯,接著⋯⋯回歸到座標平面。座標平面上有無數個點,但這張圖只有畫出 (1, 0) 和 (0, 1)。」

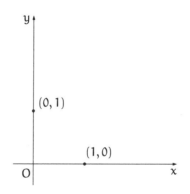

蒂蒂:「嗯,我懂。座標平面上有數不清的點,緊密地排在一起,雖然眼睛看不出來。」

我:「座標平面的任何一點,都能用一對數字來表示。這對數字寫成 (a, b),x 座標是 a,y 座標是 b。」

蒂蒂:「沒錯!上課有教過,好像『將棋與圍棋的棋盤』。」

我 :「沒錯,這兩種棋盤都是用成對的數來表示一個點。我們
　　　進一步思考 (a, b) 的描述方式吧!」

蒂蒂:「好。」

我 :「先隨便選一個點,如下圖的 (a, b)。」

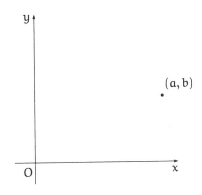

蒂蒂:「嗯。」

我 :「妳知道這個點 (a, b) 的『x 座標』和『y 座標』嗎?」

蒂蒂:「我知道。這個點的 x 座標是 a,y 座標是 b 吧!可以
　　　用虛線表示,如下頁圖。」

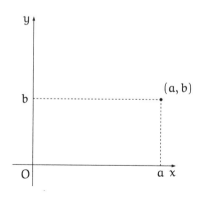

點 (a, b) 的 x 元素和 y 元素

我：「正是如此。a 又稱為點 (a, b) 的 x **元素**，而 b 稱為點 (a, b) 的 y 元素。」

蒂蒂：「元素──好像化學。」

我：「是啊，因為 (a, b) 是由 a 和 b 組成的，所以稱為元素。」

蒂蒂：「原來如此。」

我：「這張圖只有簡單標示 a 和 b，要明白 a 和 b 的精確意義，必須分別說明 x 方向和 y 方向的**單位**。換句話說，我們必須明確說明 x 方向和 y 方向上，一個單位的大小。而決定此單位大小的，就是我剛才畫的兩個點。」

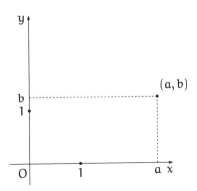

蒂蒂：「嗯……有點難。」

我：「舉例來說，要從原點 $(0, 0)$ 移動到 (a, b)，只需向右移動 a，再向上移動 b 吧。」

蒂蒂：「沒錯。」

我：「為了確定點 (a, b) 的位置，必須明白『移動 a 是指移動多少』。」

蒂蒂：「所以，需要以某個東西當作基準嗎？」

我：「沒錯，這個基準的大小稱為單位。」

蒂蒂：「我好像懂了。」

我：「確定原點位置，再定義 x 軸和 y 軸上，某點的位置為 1，即可用數對 (a, b) 表示座標平面上的任意點，a 表示從原點 $(0, 0)$ 往右前進 a 的距離，b 則表示往上前進 b 的距離。」

蒂蒂：「我懂了，就像棋盤的格子，在平面上往右移動 a，再往上移動 b，即能抵達 (a, b) 這個點！」

我：「沒錯，如下圖畫出格線，便能輕鬆理解。」

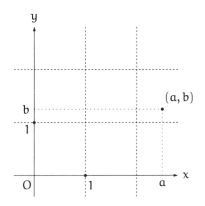

蒂蒂：「真的耶。點 (a, b) 往右走的距離稍微大於 2，往上走的距離稍微大於 1。」

3.2 向量

我：「剛才我們複習了座標平面，接著探討**向量**吧。妳學過向量嗎？」

蒂蒂：「算是學過……就是那個有箭頭的東西吧，不過我沒有『融會貫通』的感覺。」

我：「其實，我們剛才已說明完向量的基本原理囉。」

蒂蒂：「咦！還沒出現箭頭呀……」

我：「是啊，不過我說點 $(1, 0)$ 和點 $(0, 1)$ 非常重要吧！因為這兩個點稱為**單位向量**。」

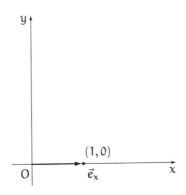

點 $(1, 0)$ 與單位向量 $\vec{e}_x$

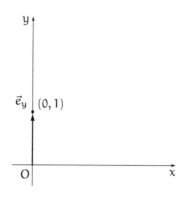

點 $(0, 1)$ 與單位向量 $\vec{e}_y$

蒂蒂：「咦……雖然有箭頭……」

我：「向量通常以箭頭來表示。箭頭的位置由起點和終點來表示。」

蒂蒂：「箭頭尖端是終點嗎？」

我：「沒錯，決定箭頭的起點和終點，再把起點固定於原點 $(0, 0)$，箭頭尖端的位置即是點的位置。決定終點位置就是決定箭頭尖端的位置。」

蒂蒂：「嗯……是沒錯啦……」

我：「把點 $(1, 0)$ 表示成向量 $\vec{e}_x$，點 $(0, 1)$ 表示成向量 $\vec{e}_y$，便能將向量和點互相對應，也就是說，我們可以把向量和點視為同樣的東西。」

蒂蒂：「把向量和點視為同樣的東西……」

我：「看看下圖吧。」

蒂蒂：「好。」

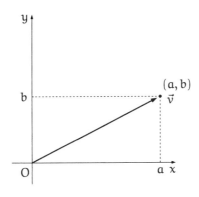

點 (a, b) 與向量 $\vec{v}$

我：「這個向量 $\vec{v}$ 和點 (a, b) 可視為同樣的東西。」

蒂蒂：「學長，抱歉……我不太懂這是什麼意思。」

我：「這不是什麼困難的概念喔。」

蒂蒂：「為什麼可以把向量 $\vec{v}$ 和點 (a, b) 視為相同呢？這算是理論嗎？我不明白！」

我：「嗯……蒂蒂，我不是要用困難的理論來推導或證明，我現在說明的是『看事情的角度』。」

蒂蒂:「……」

我:「怎麼用蒂蒂明白的方式來說呢……剛才我說明的東西稱作向量的表達方式,換言之,這可表示點的位置。」

蒂蒂:「表達方式……是指『另一種說法』嗎!」

我:「是,妳這麼想就對了。我們可以用之前說明的兩種方法,來表示平面上的點。」

- **圖形**:在方格紙上,畫出點的位置。
- **元素**:先定出座標軸,再用數對 (a, b),來表示 x 座標和 y 座標,指出點的位置。

蒂蒂:「沒錯。」

我:「而我剛才提到的是,另一種表示點的方式。」

- **向量**:以原點為起點、箭頭為終點,來表示點的位置。

蒂蒂:「咦!這麼單純嗎?」

我:「是啊,基本原理就是這樣。妳可以這麼想──向量是表示點位置的方法,而且常用到箭頭。」

蒂蒂:「我……之前一直把『向量』想得太複雜。簡單來說,向量就是表示點位置的方法呀。」

我：「沒錯。向量有許多用途，表示點位置只是其中之一。嚴格來說，應該稱為『位置向量』。」

蒂蒂：「原來如此……」

我：「為了嚴謹地定義，數學常會建造新語彙，陌生的名詞可能代表很簡單的概念，不要輕易被嚇唬呀。」

蒂蒂：「我就是這樣！看到一大堆很難的字，忍不住哇哇大叫……」

我：「在讀書、聽課的時候，遇到這些艱澀字眼要撐住，不要浪費時間，鑽牛角尖地思考用詞，應該集中注意力，理解字詞代表的意義。」

蒂蒂：「我知道了。」

3.3　向量的實數倍

我：「雖然我們可以把向量和點視為同樣的東西，但向量與點不同的是，向量可以計算。接著我們來看看怎麼計算吧！」

蒂蒂：「向量的計算？」

我：「是啊，例如，要計算朝同方向延伸的向量，只需將向量乘以一個實數。實數 a 與向量 $\vec{e}_x$ 相乘，向量便會依照 a 的大小伸長，稱為**向量的實數倍**。用圖形來表示就像下頁圖。」

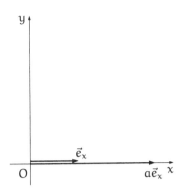

向量的實數倍（實數 a 乘以單位向量 $\vec{e}_x$）

蒂蒂：「我記住了，這麼做向量會伸長。」

我：「正確說來，必須 $a > 1$，向量才會『伸長』。若 $a = 1$ 向量則『不變』，$0 \leq a < 1$ 則『縮短』，而 $a < 0$ 則『往反方向延伸』。」

蒂蒂：「原來如此。」

我：「將略大於 1 的實數 b，乘以單位向量 $\vec{e}_y$，可得到右頁圖。」

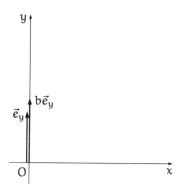

向量的實數倍（實數 b 乘以單位向量 $\vec{e}_y$）

蒂蒂：「喔，變長一點了。」

3.4 向量的加法

我：「向量有另一種算法。剛才把實數乘以向量，接著要做向量的加法，例如，把剛才的兩個向量加起來，便能組出新的向量 $\vec{v}$，如下頁圖。」

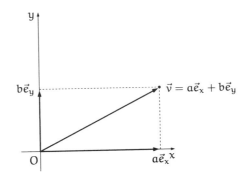

向量的加法（向量 $a\vec{e}_x$ 加向量 $b\vec{e}_y$）

蒂蒂：「啊！上課教過這個！雖然我聽得懂老師的說明，但不知道向量加法有何用途。」

我　：「是啊，用圖說明向量的加法，一般人可能無法理解它的意義與用途。不過，只要擁有『向量實數倍』和『向量加法』這兩個武器，就會發現……」

蒂蒂：「發現什麼呢？」

我　：「我們剛才提到三種『點的表示法』吧？『以圖形表示點』、『以 (x, y) 表示點的元素』、『以向量表示點』。」

蒂蒂：「是的。」

我：「以圖形表示點，可用眼睛看到點的位置；以 (x, y) 表示點的元素，能讓人明白縱向與橫向要移動多少，才能抵達那個點。」

蒂蒂：「沒錯。」

我：「此外，以向量表示點的位置，則能用向量『計算』不同的點！」

蒂蒂：「啊……」

我：「當然，將點表示成元素，也能計算。不過，若將點以向量表示，不需在意元素為何即可計算，且需利用『向量實數倍』與『向量加法』這兩個規則。」

蒂蒂：「我……雖然不太明白這是什麼意思，不過，好像比較懂向量了！」

3.5　旋轉

我：「其實，我想說明的是旋轉喔。」

蒂蒂：「旋轉？學長說的是繞圈圈嗎？」

我：「沒錯，旋轉可以用旋轉中心和旋轉角度來定義。」

蒂蒂：「旋轉角度——是指轉多少度嗎？」

我：「是啊，要定義一次旋轉，旋轉中心和旋轉角度都相當重要，我們先把旋轉中心固定在原點 $(0, 0)$ 吧。將原點當作旋轉中心來旋轉座標平面上的點 (a, b)。」

蒂蒂:「為什麼呢?」

我:「咦?」

蒂蒂:「為什麼要旋轉平面上的點?」

　　蒂蒂的問題讓我啞口無言。

我:「這個嘛——蒂蒂不愧是蒂蒂!問得這麼直接。」

蒂蒂:「不好意思……我一直問奇怪的問題。」

我:「我不是這個意思啦,一點都不奇怪。妳這麼說也對,突然『旋轉平面上的點』,會讓人覺得困惑吧!」

蒂蒂:「是的……上課的時候,我都不敢提出這樣的問題。老師常常會說……」

　　　「想想看將它○○,會發生什麼事吧!」

我:「嗯。」

蒂蒂:「我聽到這種話,常常想問為什麼。通常老師這麼說的時候,教科書也會寫『將它○○,會……』,所以我總猜想,這種作法是理所當然的嗎?但是,即使如此,我還是不懂為什麼這麼做是理所當然的。」

我：「嗯，妳說的對。」

蒂蒂：「不好意思……我是奇怪的人。」

我：「不會啦，蒂蒂一點也不奇怪……先回歸原來的話題吧。蒂蒂的疑問是『為什麼要旋轉座標平面上的點 (a, b) 』吧？簡單來說，這是因為『我們想試著這麼做』。」

蒂蒂：「我們想試著旋轉座標平面上的點……」

我：「是啊，這和『用數學處理圖形』有關。對了，如果眼前有一個不知名的『玩具』，妳會想把玩它嗎？摸一摸、戳一戳、拉一拉、捏一捏、轉一轉、翻面……」

蒂蒂：「會！」

我：「是啊，數學也一樣，雖然不懂這麼做的目的，卻像『玩具』一樣有趣。」

蒂蒂：「是嗎……」

我：「是啊。所以……

用數學處理圖形
↓
圖形是點的集合
↓
讓點做各種變化

這就是我們的思考模式——看到點 (a, b)，便想『旋轉會發生什麼事』……如此把玩『新玩具』！」

蒂蒂：「原來如此。」

我：「思考『這麼做會發生什麼事』，對學習數學來說相當重要。基本上，高中所學的數學，可以解決的問題相當有限，如果沒有全面掌握數學概念，即無法解決複雜的問題。教科書提到的，只是精心整理過，便於學習的道具……」

蒂蒂：「啊！」

我：「怎麼啦？」

蒂蒂：「我知道我和學長哪裡不一樣了！」

我：「哪裡不一樣？」

蒂蒂：「對我來說，數學是『已完成的學問』，以為只要翻開教科書，就能看到數學的全貌！因為上面寫的都是仔細整理的內容。不過，學長學數學，不是用這樣的眼光吧，而是把數學當成可以任意把玩的『玩具』……我沒辦法把數學當作『玩具』把玩——」

我：「原來如此，我明白蒂蒂的意思囉，其實多花點功夫，數學就會像『玩具』一樣有趣。」

蒂蒂：「真的嗎？」

我：「妳可以『在空白的筆記本上，自己重新推導一遍』，回想著數學教科書和參考書的內容，並重現於紙上，我一直都是這麼做的。」

蒂蒂：「重現！」

我：「沒錯，舉例來說，我們要旋轉平面上的點，而我學過如何『旋轉座標平面上的點』，所以腦海已經浮現旋轉的方法，但是我想確認自己是不是真的明白，因此在空白的筆記本上，畫座標平面，點出 $(1, 0)$ 和 $(0, 1)$，試著自己推導數學的計算過程。」

蒂蒂：「但是，這對我來說……會不會太難？」

我：「不會，妳不一定要『旋轉平面上的點』，可以『往右移動』或是『以座標軸為對稱軸反轉』。在筆記本上，自行推導數學，就是把數學當成『玩具』把玩的方法，妳只需在自己能力所及的範圍內練習。」

蒂蒂：「自己的能力範圍內！」

我：「嗯，不先確認自己的能力到什麼程度，一直寫自己不懂的東西，很無聊吧。我剛才就是從空白的筆記本開始，畫一些圖形，並試著旋轉——這時，蒂蒂就出現了。」

蒂蒂：「啊……對不起，打擾你了。」

我：「不會啦。話說回來，這樣有沒有解開妳『為什麼要旋轉
　　平面上的點』的疑問呢？」

蒂蒂：「有！『因為我們想試著這麼做』！」

3.6　點的旋轉

我：「接著，來看看『旋轉』吧。將點 (a, b) 往左旋轉 θ 度，
　　成為點 (a', b')——亦即逆時針旋轉。」

蒂蒂：「像這樣嗎？」

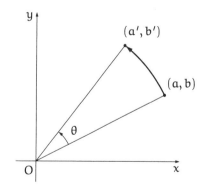

我：「沒錯，彷彿將圓規的針固定於原點，畫一個圓弧。」

蒂蒂：「是的。」

我：「現在，我們正在旋轉一個以圖形表示的點。」

蒂蒂：「咦？」

我：「剛才我們已討論如何表示點的位置吧？以圖形表示，以 (x, y) 元素表示，以及向量的表示法……」

蒂蒂：「是的，這就是表示點的三種方式。」

我：「用我們剛剛畫的圖便能旋轉以圖形表示的點，那麼以 (x, y) 元素表示的點，該怎麼旋轉呢？」

蒂蒂：「咦？」

3.7　利用座標

我：「聽不懂嗎？我們用剛才的圖說明吧。」

蒂蒂：「好。」

我：「未旋轉的點是 (a, b)，已旋轉的點是 (a', b')。」

蒂蒂：「本來在 (a, b) 的點……快速轉到 (a', b')。」

我：「把這個點表示成 (a, b) 代表 x 座標是 a，y 座標是 b，也可以說，x 元素為 a，y 元素為 b。」

蒂蒂：「嗯。」

我：「旋轉後的點可以表示成 (a', b')，x 座標變成 a'，y 座標變
　　成 b'。」

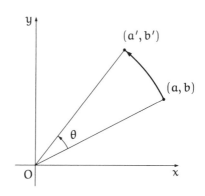

蒂蒂：「沒錯。旋轉後，座標跟著改變。」

我：「我們將點以 x 座標、y 座標的方式來表示，則『旋轉平
　　面上的點』代表什麼意思呢？」

蒂蒂：「咦？」

我：「換句話說，在以座標來表示點的情況下，該怎麼做，才
　　能『旋轉平面上的點』呢？」

蒂蒂：「喔⋯⋯到底該怎麼做呢？」

我：「未旋轉的點是 (a, b)，旋轉後的點是 (a', b')，所以『旋轉
　　平面上的點』可以想成⋯⋯」

「旋轉平面上的點」代表：
由未旋轉的點座標 <u>a</u>、<u>b</u>，以及<u>旋轉角度</u>，
計算旋轉後的點座標 <u>a'</u>、<u>b'</u>。

蒂蒂：「啊，我明白了。是指利用 a、b 和旋轉角度，經過複雜的計算，求出 a' 和 b' 嗎？」

我：「沒錯，雖然妳說的『複雜的計算』並不是重點，不過就是這麼一回事，由 a、b 和旋轉角度，計算 a' 和 b' 是多少。這個計算即是在旋轉平面上的點，並以各種算式來計算。」

蒂蒂：「我明白了……不對，我有問題。」

我：「什麼問題？」

蒂蒂：「我知道必須利用 (a, b) 計算 (a', b')，不過，這種作法只考慮到旋轉前後的兩個點。」

我：「是啊，怎麼了嗎？」

蒂蒂：「我覺得……旋轉會讓我想到剛才用圓規所畫的圓弧，必須滑動筆尖。但是學長現在指的旋轉只有兩個點，沒有滑動的軌跡，跟我所認知的旋轉不同。」

我：「原來如此！我知道蒂蒂的問題是什麼囉。的確，提到旋轉，就會讓人想到滑動，不過只看這兩個點，不看滑動的軌跡並不會產生任何問題。」

蒂蒂：「為什麼？」

我：「因為我們接下來要討論的旋轉，也就是座標的計算，已有『旋轉角度』。」

蒂蒂：「嗯？」

我：「把旋轉角度設為 θ 這個符號，亦即『利用符號一般化』。」

蒂蒂：「『利用符號一般化』……是用角 θ 來思考一般化的旋轉嗎？」

　　蒂蒂一邊說，一邊記錄於《秘密筆記》。蒂蒂會把重要的事情全部記錄下來。

我：「沒錯。進行一般化，我們便能任意選擇角 θ 的大小，畫出蒂蒂所說的圓弧。可以旋轉成任意的角度，和用圓規畫圓是一樣的意思。」

蒂蒂：「原來如此，不管角度多大，都不會影響接下來的推導。」

我：「對，接下來我們要推導算式，以便『算出旋轉後的點』。使用符號，以一般化的角度推導，就只需考慮兩個點的位置，這和考慮整個圓弧是一樣的。」

蒂蒂：「我懂了……不過，我還是不曉得要用什麼算式，來旋轉平面上的點。」

我：「嗯，我們一起來思考旋轉的算式吧。」

蒂蒂：「好！」

3.8 我們的問題

我：「首先，整理一下我們的問題吧。」

我們的問題：如何旋轉平面上的點 (a, b)

- 旋轉中心為原點 $(0, 0)$
- 旋轉角度為 θ
- 旋轉前的點為 (a, b)
- 旋轉後的點為 (a', b')

最後，請以 a、b、θ 來表示 a' 和 b'。

蒂蒂：「我明白問題是什麼了⋯⋯不過⋯⋯抱歉，我完全不曉得如何解題。」

我：「從來沒做過的人，完全不曉得如何切入問題很正常啊，不用道歉。」

蒂蒂：「學長可以教我解題嗎？」

我：「當然可以，不過機會難得，我先告訴妳，若我不曉得如何以**數學**的思維來解題，我會怎麼做，接著我們再一起解題。」

蒂蒂:「我想瞭解學長的思路!」

我:「其實也沒什麼,只是一些理所當然的事。現在我們想解的問題是,將點 (a, b) 旋轉角 θ,這種一般化的問題。」

蒂蒂:「是的,也就是『利用符號一般化』。」

蒂蒂看著《秘密筆記》說。

我:「對,雖然以一般化的角度去思考問題是很重要的,但有時會過於抽象。這時,不如從另一個角度切入,把題目特殊化、具體化,亦即『代入變數』。」

蒂蒂:「咦?」

3.9　x 軸上的點

我:「此時不考慮一般化的點 (a, b),而是考慮一個特定的點,例如旋轉 x 軸上的某點。」

蒂蒂:「旋轉 x 軸上的某點……就是『代入變數,使點特殊化』嗎?」

我:「沒錯。在 x 軸上代表 y 座標的值是 0,因此等於點 (a, b) 的 b 以 0 代入,變成點 $(a, 0)$。如此思考,應該比較簡單吧。」

蒂蒂:「啊,原來如此!」

我：「我們想想看下面這個問題吧。」

問題1：旋轉x軸上的點 $(a, 0)$

- 假設旋轉中心是 $(0, 0)$
- 假設旋轉角度是 θ
- 假設旋轉前的點是 $(a, 0)$
- 假設旋轉後的點是 (a_1, b_1)

在這些前提下，請用 a 與 θ 表示 a_1、b_1。

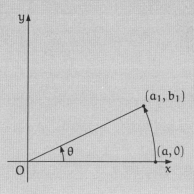

蒂蒂：「b消失了！」

我：「特殊化會使符號減少，所以題目會變得比較簡單。」

蒂蒂：「問題1……對我來說，太難了。」

我：「妳先自己畫畫看圖形吧。」

蒂蒂：「好。」

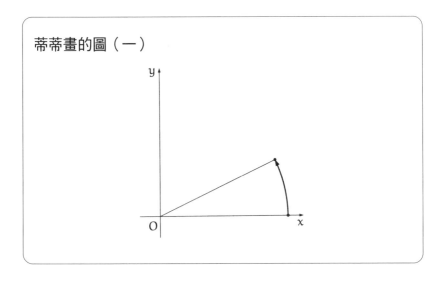

蒂蒂畫的圖（一）

蒂蒂：「我畫好了。」

我：「妳『想求什麼』呢？」

蒂蒂：「什麼？」

我：「思考數學題目必須有『問與答』喔。蒂蒂想藉由這個問題『想求什麼』呢？」

蒂蒂：「求什麼……求 a_1 和 b_1。」

我：「既然如此，妳必須把想求的東西畫在平面上。」

蒂蒂：「啊，這樣呀……不好意思。」

蒂蒂畫的圖（二）

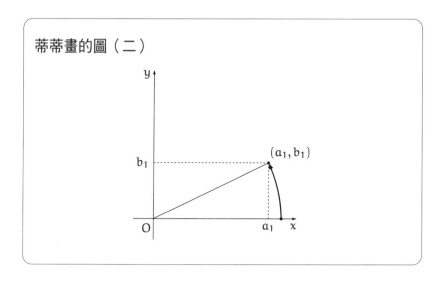

我：「這樣畫能解開問題 1 嗎？」

蒂蒂：「呃……」

我：「接下來，妳必須『提出問題』。在這個問題中，蒂蒂『已知的訊息』是什麼呢？」

蒂蒂：「已知的訊息──啊，只有 a，因為題目沒有給 b。」

我：「只有 a 嗎？」

蒂蒂：「啊，不對！還有角 θ，已知的訊息是 a 和 θ。」

我：「沒錯，既然如此，把 a 和 θ 畫在平面上吧。」

蒂蒂：「好……原來是這樣啊！」

我：「怎麼啦？」

蒂蒂：「學長說的『提出問題』……

- 『想求什麼』
- 『已知哪些訊息』

我終於知道自己的盲點在哪裡了，之前我只是大致瞭解問題，不著邊際地思考，再隨便畫圖形——現在我終於知道為什麼要這麼做了。」

我：「是嗎？」

蒂蒂：「對自己提出問題，例如『想求什麼』和『已知哪些訊息』。接著，為了明白問題的意義，必須畫圖形，對吧？」

我：「沒錯。」

蒂蒂：「我們來畫圖形吧！」

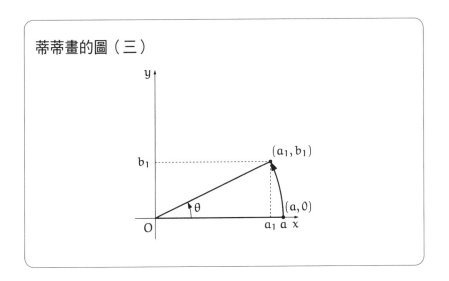

蒂蒂畫的圖（三）

我：「接下來，思考下一個問題吧。」

蒂蒂：「好。」

- 「想求什麼」……想求 a_1 和 b_1
- 「已知哪些訊息」……已知 a 和 θ

我：「妳覺得接下來該怎麼做？」

蒂蒂：「呃，我想想……」

我：「距離答案只剩一小段路囉——『提出問題』的第三步驟
　　就是找找看『有沒有相似的地方』。」

蒂蒂：「相似的地方……我不曉得耶。」

我：「我給妳一個提示吧，請看下圖。」

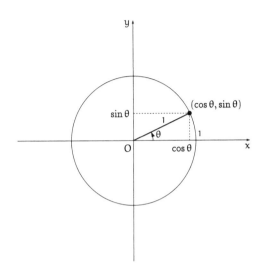

單位圓與 $\cos\theta, \sin\theta$ 的關係

蒂蒂：「這個是⋯⋯可定義 sin 的圖嗎？」

我：「沒錯，它是不是很像蒂蒂在問題 1 所畫的圖？在旁邊畫一個更大的圓，將兩者並列比較，看起來更像呢。」

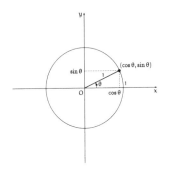 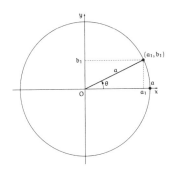

蒂蒂:「啊!真的很像!左邊是半徑 1 的單位圓,右邊是半徑 a 的圓,難道——」

我:「難道?」

蒂蒂:「難道,只需把 x 座標和 y 座標都乘以 a 倍嗎?」

我:「沒錯,這樣就行了。妳可以用算式來表示嗎?」

蒂蒂:「兩個都乘以 a 倍……是這樣嗎?」

$$\begin{cases} a_1 = a\cos\theta & \text{單位圓上,點的 x 座標乘以 } a \text{ 倍} \\ b_1 = a\sin\theta & \text{單位圓上,點的 y 座標乘以 } a \text{ 倍} \end{cases}$$

我:「沒錯,完全正確!」

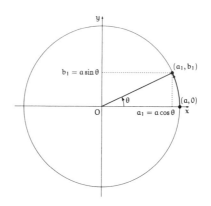

蒂蒂:「原來如此!只需乘以 a 倍。」

我:「如果沒注意到這點,即無法融會貫通唷。」

蒂蒂:「嗯。」

我:「我們再仔細看蒂蒂所寫的兩個算式吧。」

蒂蒂:「嗯?」

$$\begin{cases} a_1 = a \cos \theta \\ b_1 = a \sin \theta \end{cases}$$

我:「不要被 cos 和 sin 迷惑,我們的目標是用 a 和 θ 求 a_1、
b_1,還記得嗎?」

蒂蒂:「記得!想求的是 a_1 和 b_1,而我們要用已知的訊息——
a 和 θ,來計算!」

我：「沒錯。」

蒂蒂：「那個……為了以防萬一，我想再確定一次……可以寫成 $a \cos \theta$ 和 $a \sin \theta$ 嗎？」

我：「可以啊。」

蒂蒂：「我想表示 a 和 $\cos(\theta)$ 相乘的結果，所以寫成 $a \cos \theta$。」

我：「嗯，這樣就行了。」

$$\begin{cases} a \cos \theta = a \times \cos(\theta) \\ a \sin \theta = a \times \sin(\theta) \end{cases}$$

蒂蒂：「好，我安心了。」

我：「這樣我們即可解開問題 1。」

問題 1 的解答：旋轉 x 軸上的點 $(a, 0)$

- 假設旋轉中心是 $(0, 0)$
- 假設旋轉角度是 θ
- 假設旋轉前的點是 $(a, 0)$
- 假設旋轉後的點是 (a_1, b_1)

在這些前提下，想用 a 與 θ 來表示 a_1、b_1，可寫成下式：

$$\begin{cases} a_1 = a \cos \theta \\ b_1 = a \sin \theta \end{cases}$$

蒂蒂：「解問題 1 的過程，雖然都是學長教我的，但我有種特別的感覺。」

我：「什麼感覺？」

蒂蒂：「我覺得這些方法好像是自己想出來的。」

我：「是嗎？」

蒂蒂：「是啊，雖然學長給我很多提示，不過透過這些推導，$\cos \theta$ 和 $\sin \theta$ 自然而然地在我腦中，畫出漂亮的圖形！」

我：「那真是太棒了！」

3.10　y 軸上的點

我：「接下來，妳要不要自己解問題 2 呢？」

蒂蒂：「咦？」

問題 2：旋轉 y 軸上的點 $(0, b)$

- 假設旋轉中心是 $(0, 0)$
- 假設旋轉角度是 θ
- 假設旋轉前的點是 $(0, b)$
- 假設旋轉後的點是 (a_2, b_2)

在這些前提下，請用 b 與 θ 來表示 a_2、b_2。

我：「來吧，妳解這題。」

蒂蒂：「學長要……要我自己解這題嗎？」

我：「嗯，我保證妳一定解得出來，蒂蒂一定知道答案。」

米爾迦：「保證什麼？」

蒂蒂：「啊，米爾迦學姊！」

米爾迦：「喔……你們在討論旋轉啊。」

　　不知何時，才女米爾迦走到我們身旁。她只看一眼圖形，便知道我們在做什麼。

蒂蒂：「不只是旋轉，學長還告訴我如何『提出問題』。」

- 「想求什麼」
- 「已知哪些訊息」
- 「有沒有相似的地方」

米爾迦：「原來是**波利亞**呀。」

蒂蒂：「咦？」

我：「沒錯，米爾迦果然知道他是誰。」

蒂蒂：「波利亞是誰？」

米爾迦：「他是一位數學家。波利亞的《怎樣解題》一直以來都是暢銷名著。這本書啟示了學習數學的方法，以及解問題的方法。」

我：「剛才我說的『提出問題』，就是參考《怎樣解題》這本書。」

蒂蒂：「這樣啊……波利亞先生。」

波利亞的重點（摘錄）

- 哪些事未知？
- 已知哪些訊息（資料）？
- 作圖，並適當地標上記號。
- 以前是否看過這個題目？
- 有沒有相似的地方？

我：「我們接著解問題 2 吧。」

蒂蒂：「啊！差點忘了！」

　　雖然花了不少時間，但蒂蒂終於用下頁圖，解開問題 2。

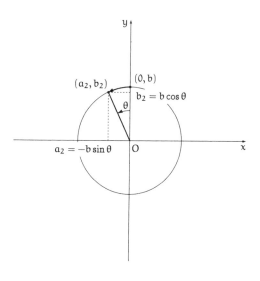

旋轉 y 軸上的點 $(0, b)$

蒂蒂：「學長！『想求什麼』和『已知哪些訊息』這兩個步驟
　　　好厲害！我解出來了！」

問題 2 的解答：旋轉 y 軸上的點 $(0, b)$

- 假設旋轉中心是 $(0, 0)$
- 假設旋轉角度是 θ
- 假設旋轉前的點是 $(0, b)$
- 假設旋轉後的點是 (a_2, b_2)

在這些前提下，可用 b 與 θ 表示 a_2、b_2，如下式：

$$\begin{cases} a_2 = -b\sin\theta \\ b_2 = b\cos\theta \end{cases}$$

我：「sin 和 cos 常會搞混吧！比較這兩個式子和問題 1 的解答，妳有發現什麼嗎？」

　　　　　問題 1 的解答　　問題 2 的解答
$$\begin{cases} a_1 = a\cos\theta \\ b_1 = a\sin\theta \end{cases} \qquad \begin{cases} a_2 = -b\sin\theta \\ b_2 = b\cos\theta \end{cases}$$

蒂蒂：「我發現，兩者的 sin 和 cos 剛好相反，而且其中一個有負號……問題 2 的圖形往右轉 90°，便和問題 1 的圖形一樣！」

蒂蒂把頭歪一邊，看著圖形。

我：「不必把頭歪一邊啦，把圖往右轉 90°就好啦。」

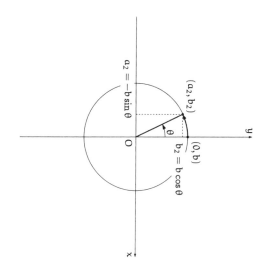

將「旋轉 y 軸上的點 $(0, b)$」圖形往右旋轉 90°

蒂蒂：「總而言之……我解出來了。」

米爾迦：「嗯……」

我：「蒂蒂，現在我們知道，旋轉點 $(a, 0)$ 會得到點 (a_1, b_1)，而旋轉點 $(0, b)$ 會得到點 (a_2, b_2) 吧？」

蒂蒂：「是的。」

我：「所以，蒂蒂已解開兩個『點的旋轉問題』。」

蒂蒂：「是的！可以這麼說……」

我：「接下來的問題是，這樣的結果可以怎麼應用？」

米爾迦：「波利亞。」

蒂蒂：「怎麼應用啊……意思是說，要思考這能不能解其他問題嗎？」

我：「沒錯。」

蒂蒂：「其他問題是什麼呢？」

我：「先回到『我們的問題』吧！也就是說，我們不是要旋轉軸上的點，而是任意一點。」

我們的問題：旋轉任意一點 (a, b)

- 假設旋轉中心是 $(0, 0)$
- 假設旋轉角度是 θ
- 假設旋轉前的點是 (a, b)
- 假設旋轉後的點是 (a', b')

在這些前提下，請用 a、b 與 θ 來表示 a'、b'.

蒂蒂：「咦？嗯……」

米爾迦：「波利亞應該會叫妳『畫出圖形』吧。」

我：「是啊。」

蒂蒂：「好的……我畫畫看。」

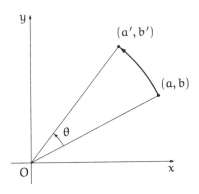

將點 (a, b) 旋轉 θ，成為點 (a', b')

米爾迦：「這是在旋轉隱形的長方形喔。」

蒂蒂：「咦……旋轉長方形？」

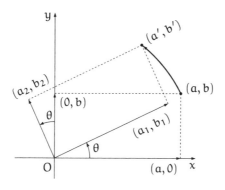

旋轉長方形

我：「接下來，須應用**向量的加法**。」

蒂蒂：「向量的加法？」

米爾迦：「用箭頭來表示點 (a, b)，即會形成四邊形（長方形）的對角線。用座標來表示，則可得到各元素的和。」

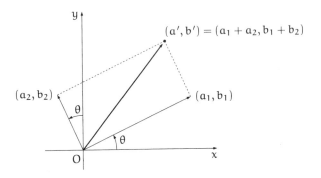

向量的加法

蒂蒂:「咦⋯⋯」

米爾迦:「蒂蒂知道怎麼算 (a_1, b_1) 和 (a_2, b_2) 吧?」

我:「對。」

蒂蒂:「沒錯,不過⋯⋯」

我:「所以,這個問題的答案可以寫成⋯⋯」

「我們的問題」解答：旋轉任意一點 (a, b)

- 假設旋轉中心是 $(0, 0)$
- 假設旋轉角度是 θ
- 假設旋轉前的點是 (a, b)
- 假設旋轉後的點是 (a', b')

在這些前提下，可用 a、b 與 θ 來表示 a'、b'，如下式：

$$\begin{cases} a' = a_1 + a_2 = a\cos\theta - b\sin\theta \\ b' = b_1 + b_2 = a\sin\theta + b\cos\theta \end{cases}$$

蒂蒂：「我看到那麼多符號會……」

我：「不用緊張啦！既然蒂蒂已經解開問題 1 和問題 2，應該能明白這個複雜的算式，是怎麼算出來的。(a', b') 是由 (a_1, b_1) 和 (a_2, b_2) 所合成的喔。」

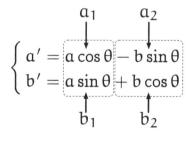

　　蒂蒂認真地對照算式和圖形。

米爾迦：「接下來，討論旋轉矩陣吧。」

我：「沒錯！點的旋轉會讓人想到座標平面、向量、三角函數和矩陣，這些概念都相關喔。」

米爾迦：「還有複數。」

蒂蒂：「等一下啦！學長姊……為什麼我們的討論會朝那個方向推進呢？」

　　蒂蒂不知所措地說。

我：「怎麼啦？蒂蒂。」

蒂蒂：「學長姊……好像……什麼都知道……但是我什麼都不知道……不管是座標平面、向量、旋轉，還是波利亞，還有那個叫矩陣的東西。學長聽得懂米爾迦學姊在說什麼，米爾迦學姊也聽得懂學長在說什麼，但是我完全不懂，我……我……」

我：「……」

米爾迦：「嗯，因為我們在一起很久了嘛。」

蒂蒂：「可是，我……」

我：「雖然妳這麼說，可是從高中入學算起，也才一年多吧。」

米爾迦：「什麼？」

米爾迦詫異地看著我。

我：「妳說我們在一起很久，可是從我和妳的第一次見面算起，才一年多……」

米爾迦：「我說的是，『我和數學在一起』很久。」

我：「咦？」

瑞谷老師：「放學時間到！」

管理圖書室的瑞谷老師，時間一到便宣布放學。
今天的數學對話告一段落。
此後，我們也能在生活中，發現各種奇妙的旋轉嗎？
人生總是不停轉動呢。

參考文獻：波利亞，《怎樣解題》。

「搜集材料和創造世界的差別，是什麼呢？」

第 3 章的問題

●問題 3-1（點的旋轉）

- 假設旋轉中心是 $(0, 0)$
- 假設旋轉角度是 θ
- 假設旋轉前的點是 $(1, 0)$

在這些前提下，請求旋轉後的點 (x, y)。

（解答在第 295 頁）

●問題 3-2（點的旋轉）

- 假設旋轉中心是 $(0, 0)$
- 假設旋轉角度是 θ
- 假設旋轉前的點是 $(0, 1)$

在這些前提下，請求旋轉後的點 (x, y)。

（解答在第 296 頁）

●問題 3-3（點的旋轉）

- 假設旋轉中心是 $(0, 0)$
- 假設旋轉角度是 θ
- 假設旋轉前的點是 $(1, 1)$

在這些前提下，請求旋轉後的點 (x, y)。

（解答在第 296 頁）

●問題 3-4（點的旋轉）

- 假設旋轉中心是 $(0, 0)$
- 假設旋轉角度是 θ
- 假設旋轉前的點是 (a, b)

在這些前提下，請求旋轉後的點 (x, y)。

（解答在第 297 頁）

第 4 章

計算圓周率

「『史上第一次』有著重大意義。」

4.1 我的房間

由梨：「啊……好無聊，哥哥！有沒有好玩的東西？」

我：「跑到別人的房間，大嚷『好無聊』，這樣不太對吧！由梨有帶什麼好玩的東西來嗎？」

由梨：「嗯？」

我：「妳之前不是都會帶一些奇怪的機器、遊戲過來嗎？」

由梨：「啊……這次沒有喵。」

我：「這樣啊，妳要不要隨便找本書來看呢？」

由梨：「不要，你怎麼可以這樣對待一位可愛的少女！」

我：「不行嗎？」

由梨：「沒有好玩的嗎？沒有好玩的嗎？」（啪啪啪）

我：「可愛的少女不會拍桌子喔，我想想看……我們來談怎麼計算圓周率吧。」

由梨：「那是什麼啊？聽起來好有趣！」

4.2 圓周率

我：「由梨知道什麼是**圓周率**嗎？」

由梨：「哥哥知道什麼是紅綠燈嗎？」

我：「紅綠燈？知道啊，為什麼妳要這樣問呢？」

由梨：「圓周率？知道啊，為什麼你要這樣問呢？」

我：「啊……其實對數學來說，**確認定義**是很重要的。不曉得一個字的意思，就隨便亂用，是沒有意義的。」

由梨：「總而言之，圓周率是 3.14 吧？」

我：「雖然妳說的沒錯，但不夠精確。」

由梨：「啊，後面要一直寫下去，3.14 喵啦喵啦……」

我：「雖然沒錯，但還是不夠精確。」

由梨：「不對嗎？」

我：「圓周率的確是 3.14……這個可以一直寫下去的數字，亦即 3.141592653589793……但是這不是圓周率的**定義**。」

由梨:「不是定義？」

我:「沒錯,定義是指『經過某個過程所得的數,稱為圓周率』,或者『圓周率是指這個數』等。」

由梨:「定義成『3.14……這個數稱為圓周率』,可以嗎?」

我:「這麼做還是不曉得圓周率代表什麼意義吧?所以我才會問──由梨知道什麼是圓周率嗎?」

由梨:「唔……」

我:「例如,『圓周÷直徑稱為圓周率』。」

由梨:「圓周÷直徑?原來如此。」

我:「嗯,圓周÷直徑稱為圓周率。不過,為了準確定義這個數,有件事我們必須先確定──任何圓的圓周÷直徑皆為定數。」

圓周率的定義

圓周÷直徑稱為圓周率。

由梨:「可是哥哥,圓周率是 3.14……這件事是正確的吧?」

我:「沒錯,圓周率的數值大概是那樣。」

由梨:「直徑就是半徑的兩倍吧?」

我:「是啊,所以也可以用圓周和半徑來定義圓周率。」

圓周率的定義

假設某個圓的圓周長是 ℓ，半徑是 r，則將

$$\frac{\ell}{2r}$$

定義為**圓周率**。

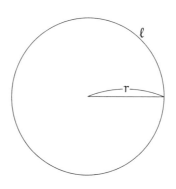

由梨：「嗯。」

我：「接著，妳知道圓周率可以寫成 π 吧？」

由梨：「知道，圓周長就是 2πr。」

我：「對，這是由半徑求出來的圓周長。」

由半徑求圓周長

若某個圓的半徑是 r，則圓周長 ℓ 可由以下算式求得：

$$\ell = 2\pi r$$

其中，π 為圓周率。

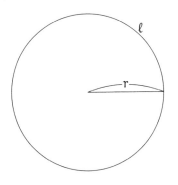

由梨：「嗯，這個我懂。」

4.3　圓面積

我：「接下來，妳知道如何由半徑和圓周率求圓面積嗎？」

由梨：「我知道——圓面積就是『半徑×半徑×3.14』，亦即 πr^2 吧？」

我：「沒錯。」

由半徑求圓面積

若某個圓的半徑是 r，則圓面積 S 可由以下算式求得：

$$S = \pi r^2$$

其中，π 為圓周率。

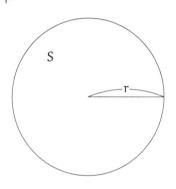

由梨：「到底怎麼『計算圓周率』啊？」

我：「我們再看一次圓面積的公式吧。」

$$S = \pi r^2$$

由梨：「所以呢？」

我：「用這個公式，就可以由半徑計算面積吧？」

由梨：「對啊。」

我：「我們把這個公式變形一下。」

$$S = \pi r^2 \qquad \text{由圓的半徑 r 求圓面積 S 的公式}$$
$$\pi r^2 = S \qquad \text{等號的左右邊交換}$$
$$\pi = \frac{S}{r^2} \qquad \text{兩邊分別除以 } r^2$$

由梨：「然後呢？」

我：「接著便能得到以下式子。」

$$\pi = \frac{S}{r^2}$$

由梨：「嗯。」

我：「這個公式的 S 是圓面積，r 是圓的半徑。」

由梨：「嗯，沒錯。」

我：「所以只要知道圓面積和半徑，便能用 $\pi = \frac{S}{r^2}$ 算出圓周率！」

由梨：「喔——好厲害！……不過，那又如何呢？」

我：「呃……妳不覺得很有趣嗎？只要準確算出圓面積和半徑，就能算出圓周率。」

由梨：「這個很有趣嗎喵……我不認同。」

我：「很有趣啦！這是數學書籍常出現的主題啊，妳不想算算看嗎？不興奮嗎？」

由梨：「哥哥覺得怎麼樣呢？」

我：「覺得怎麼樣？什麼意思？」

由梨：「哥哥已經算過圓周率了吧？結果怎麼樣呢？你有求出 3.14……的數字嗎？」

我：「咦？」

由梨：「咦？」

我：「……」

由梨：「難道哥哥沒有自己算過嗎？」

我：「這麼說來──我好像沒有算過耶。」

由梨：「真不敢相信！你居然叫別人去做，自己從來沒做過的事！太誇張了！」

我：「知道了，知道了啦！由梨，我們一起來算圓周率吧。」

由梨：「這種態度才正確嘛。」

我：「妳的台詞怪怪的喔……妳不是少女嗎？怎麼如此老氣橫秋？」

4.4 圓周率的計算法

由梨：「接著該怎麼做？」

我：「照著以下的步驟，即可求得圓周率的約略值。」

圓周率約略值的計算法

步驟 1. 用圓規在方格紙上，畫出半徑 r 的圓。

步驟 2. 計算圓所包含的方格數。

設方格數共有 n 個。

步驟 3. 將半徑 r 和方格數 n，代入 $\dfrac{n}{r^2}$。

由梨：「我們趕快來試試看吧！」

我：「等一下，我要先說明這些步驟。」

由梨：「很麻煩耶，快開始啦。」

我：「若沒有完全理解，就沒有意義了。」

由梨：「這樣啊……」

我：「『步驟 1. 用圓規在方格紙上，畫出半徑 r 的圓』沒問題吧！只是畫個圓。」

由梨：「半徑 r 必須多長呢？」

我：「唔……」

由梨：「我果然不該問沒實際做過的人。」

我：「呃……先設成 10 吧，r =10。把方格紙上，10 格的長度當作半徑。」

由梨：「嗯。」

我：「接下來，『步驟 2. 計算圓所包含的方格數。設方格數共有 n 個』，因為我們只有算圓所包含的完整方格，而沒有算不完整的格子，所以算出來的 n 應該會比圓面積 S 小一點。」

由梨：「這個部分讓我不是很滿意喵……」

我：「是啊。最後是『步驟 3. 將半徑 r 和方格數 n，代入 $\frac{n}{r^2}$』，如此便可得到接近圓周率的數。」

由梨：「為什麼？」

我：「因為假設圓面積是 S，便可得到 $S = \pi r^2$，亦即 $\pi = \frac{S}{r^2}$。」

由梨：「嗯。」

我：「只要知道面積 S 和半徑 r 的正確數值，就能用 $\frac{S}{r^2}$ 求出準確的圓周率。不過，現在我們用格子數 n，取代圓面積 S，也就是用 $\frac{n}{r^2}$ 取代 $\frac{S}{r^2}$。我們不是利用<u>正確的 S</u>，而是<u>近似於 S 的 n</u>，所以求不出正確的圓周率，只可求出接近圓周率的數——亦即，這麼做可以得到圓周率的**近似值**。」

由梨：「原來如此，我們趕快開始吧！」

4.5　半徑為 10 的圓

我用圓規畫一個圓。

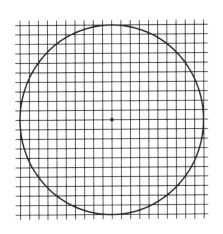

我：「步驟 1，大概就是這樣吧！」

由梨：「半徑是 10 嗎？」

我：「是啊，半徑是 10，直徑是 20。再來是步驟 2。」

由梨：「要算圓包含多少方格嗎？」

我：「沒錯，方格數設為 n，用來代替面積。」

由梨：「這樣啊，1, 2, 3……」

我：「不對，要把數過的方格作記號。」

由梨：「我不會弄錯啦，放心。」

我：「由梨，要做就認真做。」

由梨：「唔……可是邊邊的方格怎麼辦？」

我：「邊邊？」

由梨：「你看，圓周會穿過某些方格吧？這些不完整的方格怎麼算？」

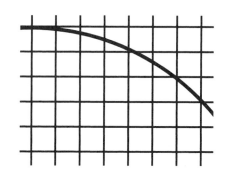

我：「的確，我們必須定個規則……只計算完整的方格。如右頁圖，淺灰色的方格是圓周內的方格，深灰色的則是圓周上的方格。」

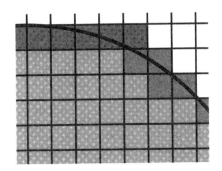

由梨：「方格數太多了吧，好麻煩……啊！」

我：「怎麼啦？」

由梨：「我想到了！不用全部算！只需把右半邊的方格數乘以兩倍！」

我：「喔，這個點子不錯，由梨！」

由梨：「嘿嘿。」

我：「也可以算右上角四分之一的方格，再乘以四。」

由梨：「咦……真的耶！變得更簡單了……好，我算出來了。」

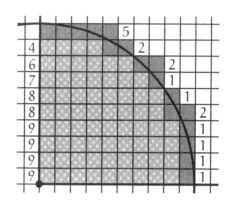

我：「這些數字是每一行的方格數吧。」

由梨：「沒錯。」

我：「深灰色的是圓周切到的方格，淺灰色則是圓所包含的方格。」

由梨：「嗯，只需算四分之一的方格數吧。」

我：「對，快把淺灰色的方格數全部加起來吧。」

由梨：「4、6、7、兩個 8、四個 9，所以……」

$$4 + 6 + 7 + 8 \times 2 + 9 \times 4 = 69$$

我：「四分之一圓有 69 格，把這個數字乘以四倍，就能得到圓所包含的方格數 n。」

$$
\begin{aligned}
n &= 淺灰色的格子數 \times 4 \\
&= 69 \times 4 \\
&= 276 \quad 半徑 10 的圓所包含的方格數
\end{aligned}
$$

由梨：「這樣能算出圓周率嗎？」

我：「因為我們用 n 取代 S，所以接下來要算的不是 $\dfrac{S}{r^2}$，而是 $\dfrac{n}{r^2}$，如此可得『圓周率的下限值』。」

$$
\begin{aligned}
\text{圓周率的下限值} &= \frac{n}{r^2} \\
&= \frac{276}{r^2} \quad \text{因為 n = 276} \\
&= \frac{276}{10^2} \quad \text{因為 r = 10} \\
&= \frac{276}{100} \\
&= 2.76
\end{aligned}
$$

由梨：「咦？圓周率是 2.76？連 3 都沒看到，怎麼會是 3.14 的圓周率呢！」

我：「嗯……不過 2.76 的確比圓周率小呀。」

由梨：「你真是樂觀喵……」

我：「剛才由梨已算出圓周通過的方格數吧？」

由梨：「是啊。」

我：「我們把淺灰色和深灰色的方格加起來，會得到『圓周率的上限值』喔。」

由梨：「原來如此！深灰色有 5、2、2、兩個 1、2、四個 1。」

$$5 + 2 + 2 + 1 \times 2 + 1 \times 4 = 17$$

我：「四分之一圓有 17 格，把 17 乘以四倍，『圓周率的上限值』是……」

$$圓周率的上限值 = \frac{n + （深灰色格子數）\times 4}{r^2}$$

$$= \frac{n + 17 \times 4}{r^2}$$

$$= \frac{276 + 17 \times 4}{r^2}$$

$$= \frac{276 + 68}{r^2}$$

$$= \frac{344}{r^2}$$

$$= \frac{344}{10^2}$$

$$= \frac{344}{100}$$

$$= 3.44$$

由梨：「是 3.44！會不會太大啊？」

我　：「是啊。我們先把求得的結果整理一下吧！計算方格數得到的結論是……」

利用半徑 10 的圓，估計圓周率的範圍：

$$2.76 < \pi < 3.44$$

圓周率大於 2.76，小於 3.44。

由梨：「呃……」

我　：「目前還看不出來，圓周率是不是 3.14……不過，可以確

定大於 2.76，小於 3.44。」

由梨：「嗯……」

我：「淺灰色部分可以得到『圓周率的下限值』，淺灰色和深灰色部分相加可得『圓周率的上限值』，真正的圓周率夾在這兩個數之間。」

由梨：「沒錯啦……但是範圍太大啦！」

我：「的確。」

由梨：「好沮喪喔！無法求得更精確的數值嗎？為什麼兩個數差那麼多？」

我：「由梨覺得為什麼呢？」

由梨：「當然是──當然是因為太方正啦！」

我：「方正？」

由梨：「你看，剛才的方格都很方正，一點也不圓啊。」

我：「是啊，一點也不圓。」

由梨：「只要變圓就行了！方格小一點就可以啦！」

我：「是啊，接下來加大 r，讓方格變小吧。」

由梨：「r = 100 吧！」

我：「嗯，這樣可能太大，我們先試試 r = 50。」

由梨：「好！」

4.6 半徑為 50 的圓

我：「妳畫出來了嗎？」

由梨：「r＝50 的圓畫好了，但是方格太小了吧！接下來該怎麼
　　　做呢？」

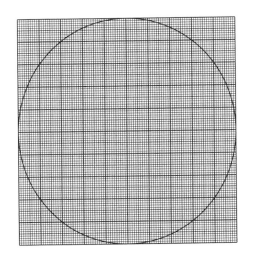

我：「這次只需算八分之一圓……但還是很麻煩啊。」

由梨：「拿你沒辦法，由梨算給你看吧。」

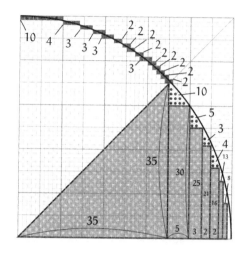

我：「算好了嗎？」

由梨：「算好了！我看看……」

我：「妳唸出來，我再記下來。是八分之一圓周喔。」

由梨：「知道，10、4、四個 3、九個 2。」

　　　「圓周的八分之一」= 10 + 4 + 3 × 4 + 2 × 9 = 44

我：「總共是 44，所以整個圓周是 44 × 8 = 352。」

由梨：「費了一番工夫，我終於算出圓所包含的方格數，你看！」

我：「原來如此，妳算出三角形和長方形的方格數，再加起來吧？由梨。」

由梨：「沒錯。三角形的兩邊皆是 35……是等腰直角三角形，長 方 形 則 有 好 幾 種，5×30、3×25、2×21、2×16、

1×13、1×8，右上方空隙的方格數是 10、5、3、4。」

$$三角形 = \frac{35 \times 35}{2} = 612.5$$

$$長方形 = 5 \times 30 + 3 \times 25 + 2 \times 21 + 2 \times 16 + 1 \times 13 + 1 \times 8$$
$$= 150 + 75 + 42 + 32 + 13 + 8$$
$$= 320$$

$$空隙 = 10 + 5 + 3 + 4$$
$$= 22$$

$$合計 = 612.5 + 320 + 22$$
$$= 954.5$$

我：「八分之一圓的面積是 954.5，乘以八倍，954.5 ×8 = 7636。」

由梨：「7636 是圓所包含的方格數，所以這樣算可以求得圓周率吧？」

我：「可以。半徑 r = 50，圓所包含的方格數是 7636，把圓周加進去則是 7636 + 352 = 7988。」

由梨：「r^2 是 50 × 50，等於 2500。」

$$圓周率的下限值 = \frac{7636}{2500}$$
$$= 3.0544$$

$$圓周率的上限值 = \frac{7636 + 352}{2500}$$
$$= \frac{7988}{2500}$$
$$= 3.1952$$

我：「如此一來，會得到——」

利用半徑 50 的圓，估計圓周率的範圍：

$$3.0544 < \pi < 3.1952$$

圓周率大於 3.0544，小於 3.1952。

由梨：「……」

我：「……」

由梨：「我說哥哥啊……」

我：「怎麼啦……」

由梨：「我不滿意這個結果！」

我：「和確切數值有差距呢……」

由梨：「花那麼多力氣算，還是和 3.14 差很多啊喵！」

我：「不過，範圍比剛才縮小了，由梨。」

由梨：「縮小了？」

我：「確切圓周率的估計範圍縮小了。」

$$3.44 - 2.76 = 0.68 \qquad r = 10 \text{ 所得的估計範圍}$$
$$3.1952 - 3.0544 = 0.1408 \quad r = 50 \text{ 所得的估計範圍}$$

由梨：「真的耶！從 0.68 變成 0.1408。」

我：「上限值與下限值一前一後逼近圓周率。」

由梨：「可是還差得很遠──要更靠近才行啦！」

4.7 求更精確的圓周率

我：「接下來要做什麼呢？」

由梨：「什麼？」

我：「妳要把『圓周率是大於 3.0544，小於 3.1952 的數』當作結論嗎？」

由梨：「不要。」

我：「不要嗎？」

由梨：「不要，我不認輸，至少要求出 3.14，我才甘心。」

我：「把 r 再加大嗎？」

由梨：「不要，沒有比較輕鬆的方法嗎？快想嘛，哥哥──」（哐噹哐噹）

我：「可愛的少女不會這樣搖桌子喔。」

由梨：「唉喲，你想想看嘛！」

我：「說的也是……」

由梨：「別以為我會輕易放過你！」

我：「妳的角色越來越奇怪囉，像個大反派呢。」

4.8　運用阿基米德的方法求圓周率

我：「我知道了，接下來不要用數方格的方式計算，改用阿基
　　米德的方法。」

由梨：「阿基米德？」

我：「阿基米德的方法運用了圓內接正 n 邊形和圓外切正 n 邊
　　形。下面這張圖是 n = 6 的圖形，包含一個圓和兩個正六
　　邊形。」

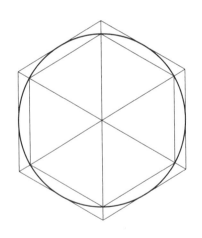

由梨：「有一個圓被兩個正六邊形夾住。」

我：「接下來，我們要以一連串的計算，求圓周率的近似值，
　　亦即求圓周率的估計範圍。阿基米德的方法可以用下頁的
　　不等式來表示。」

圓內接 n 邊形的周長 < 圓周 < 圓外切 n 邊形的周長

由梨:「喔——原來如此。因為圓夾在內側的六邊形,與外側
　　　的六邊形之間嗎?」

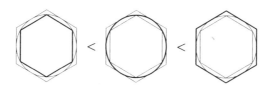

我:「是啊……不過為了方便計算,再加 2 吧,將『內接正 n
　　邊形的周長』設為 $2L_n$、『外切正 n 邊形的周長』設為
　　$2M_n$,當 n = 6,以下式子會成立。」

$$2L_6 < 2\pi < 2M_6$$

由梨:「為什麼?」

我:「因為 $2L_6$ 代表『內接正六邊形的周長』,$2M_6$ 代表『外
　　切正六邊形的周長』,而中間的 2π 則是半徑 1 的圓周長。
　　圓周長是 $2\pi r$,由於 r = 1,所以是 2π。」

由梨:「原來如此。」

我:「每個都除以 2,可得下列式子。中間的 π 就是圓周率。」

$$L_6 < \pi < M_6$$

由梨:「然後呢?」

我：「現在，我們考慮的是正六邊形的情況，而阿基米德把這個方法推展到正十二邊形的情況。」

由梨：「從正六邊形到正十二邊形……是兩倍嗎？」

我：「沒錯。正十二邊形的周長介於正六邊形和圓之間，所以可以得以下式子。」

$$L_6 < \underline{L_{12}} < \pi < \underline{M_{12}} < M_6$$

由梨：「啊！」

我：「妳懂了嗎？」

由梨：「好像有點懂。」

我：「之前，π 夾在 L_6 和 M_6 之間，現在則在 L_{12} 和 M_{12} 之間。這是因為正十二邊形比正六邊形更接近圓形——」

由梨：「範圍變小了！」

我：「重複這個步驟，就能夾出正確的數值。」

由梨：「夾？」

我：「沒錯，圓周率是夾出來的近似值。」

由梨：「結論該不會是『圓周率大約為 3』吧？」

我：「妳這麼不相信我啊。阿基米德最後有求出小數點下兩位——3.14。」

由梨：「真的嗎？快點試試看吧！快點！」

4.9 使用正九十六邊形的理由

我：「阿基米德使用的是正九十六邊形。」

由梨：「正九十六邊形？和圓差不多嗎？」

我：「因為正九十六邊形很接近圓，所以才能求出圓周率的近似值。」

由梨：「但是，與其用正『九十六』邊形，這種不上不下的數字，用正『一百』邊形不是更好嗎？」

我：「九十六是有意義的，從正六邊形開始──」

$$6 \rightarrow 12 \rightarrow 24 \rightarrow 48 \rightarrow 96$$

由梨：「喔，原來如此，是兩倍。」

我：「沒錯，正多邊形的邊數每次都增加兩倍。」

由梨：「所以必須用正九十六邊形。」

我：「不過阿基米德並不是真的畫一個正九十六邊形，而是以『從正 n 邊形畫出正 2n 邊形』的方法，計算圓周率。」

由梨：「我聽不懂。」

我：「例如，從『內接正六邊形』畫出『內接正十二邊形』。下頁圖有正十二邊形吧？」

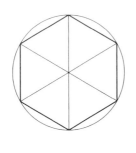　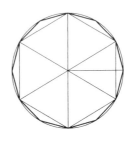

內接正六邊形　　　　　　　　內接正十二邊形

由梨：「有啦⋯⋯」

我：「從六變成十二，會讓圓周率的範圍變小，重複幾次這個
　　步驟⋯⋯」

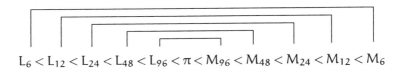

$$L_6 < L_{12} < L_{24} < L_{48} < L_{96} < \pi < M_{96} < M_{48} < M_{24} < M_{12} < M_6$$

由梨：「⋯⋯」

我：「阿基米德逐漸增加正 n 邊形的 n，希望 L_{96} 和 M_{96} 逼近真
　　正的 π 值，所以需計算『L_n 和 M_n』。」

由梨：「從六到九十六？這樣會花很多時間吧！」

我：「每次只增加一個邊，的確很難計算，所以我們讓邊數每
　　次變兩倍。為了達到這個目的，我們必需知道『**邊數變兩
　　倍的邊長計算方法**』。」

由梨：「喔——該怎麼做呢？」

我：「剛才的圖不容易看出細節，我們把圖放大吧。」

由梨：「嗯！……不過，這樣真的算得出 3.14 嗎？」

4.10 由內接正 n 邊形求外切正 n 邊形

我：「首先，把內接正 n 邊形和外切正 n 邊形的其中一邊放
大。」

由梨：「嗯。」

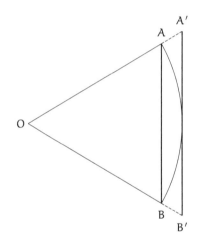

我：「圖中，O 是單位圓的圓心，線段 AB 是內接正 n 邊形的
一邊，而線段 A'B' 是外切正 n 邊形的一邊。」

由梨：「嗯——我知道了，這像一小片披薩！」

我：「啊，看起來比較像披薩，而不是派嗎？」

由梨：「……這不重要啦，趕快繼續說。」

我：「我們必須求出『內接正 n 邊形的邊長』和『外切正 n 邊形的邊長』，兩者之間的關係。」

由梨：「為什麼？」

我：「因為要算正 n 邊形的周長，只需知道其中一邊的邊長，把邊長乘以 n 倍。」

由梨：「沒錯啦。」

我：「現在我們要算邊長，為了方便思考，我們可以畫出以下幾條線，並以符號命名。」

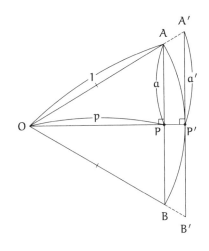

由梨：「突然變得好複雜……」

我：「不會啊，我一個個說明圖中符號吧。」

- 點 P' 為線段 A'B' 與圓的切點。
- 點 P 為線段 AB 與 OP' 的交點。線段 AB 與線段 OP' 互相垂直。

由梨：「嗯，不過為什麼要特別注意 P 和 P' 呢？」

我：「咦？因為我打算利用三角形的性質計算長度。」

由梨：「喔──」

我：「再來，為這些線段定出長度吧。」

- 線段 OA 是單位圓的半徑，所以長度為 1
- 令線段 OP 的長度為 p
- 令線段 AP 的長度為 a
- 令線段 A'P' 的長度為 a'

由梨：「為什麼線段要以符號命名？這樣很難唸吧？」

我：「不會，剛好相反，幫線段命名，寫算式會比較方便。」

由梨：「算式？」

我：「嗯，舉例來說，妳知道這個內接正 n 邊形的邊長是多少嗎？」

由梨：「不知道。」

我：「呃，怎麼會不知道？仔細看圖就知道了喔！」

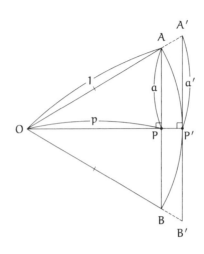

由梨：「內接正n邊形的邊長……啊，我知道，是a的兩倍。」

我：「沒錯，邊長和線段 AB 的長度相等，而 AP 和 PB 的長度相等，因此線段 AB 的長度是 $2a$。」

由梨：「嗯，哥哥，三角形OAB是等腰三角形吧？因為 OA 和 OB 相等。」

我：「沒錯。妳知道為什麼 OA 和 OB 相等嗎？」

由梨：「因為都是圓的半徑。」

我：「厲害！由梨觀察得很仔細。」

由梨：「嘿嘿。」

我：「我現在想要——由內接正 n 邊形的邊長（2a），求外切正 n 邊形的邊長（2a'），所以會運用三角形。」

由梨：「哪個三角形？」

我：「三角形 AOP 和三角形 A'OP'。」

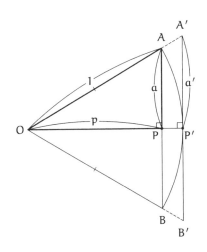

由梨：「AOP 和 A'OP'……」

我：「利用包含線段的三角形，來計算此線段長度，是很自然而然的方式唷。比較三角形 AOP 和三角形 A'OP'，會發現什麼呢？」

由梨：「兩者形狀一樣。」

我：「沒錯！形狀一模一樣，只有大小不一樣，這是**相似三角形**。因為『角 AOP 與角 AOP' 相等』，且『角 APO 與角 A'P'O 相等』，所以三角形 AOP 與三角形 A'OP' 為相似形。」

由梨:「……」

我:「三角形 AOP 和三角形 A'OP' 為相似形,所以對應的邊會等比變化吧?」

由梨:「嗯,我知道。」

我:「把邊 OP 延伸至邊 OP',則邊 AP 會以同樣比例延伸成邊 A'P',所以可得如下結果。」

$$OP : OP' = AP : A'P' \qquad \text{因為 OP} \rightarrow OP' \text{ 與 AP} \rightarrow A'P'$$
$$\text{延伸的比例相等}$$
$$p : 1 = AP : A'P' \qquad \text{因為 OP} = p,\text{半徑 OP'} = 1$$
$$p : 1 = a : a' \qquad \text{因為 AP} = a,\text{A'P'} = a'$$
$$\frac{p}{1} = \frac{a}{a'} \qquad \text{以分數表示比值}$$
$$a = pa' \qquad \text{等號兩邊各乘以 } a',\text{左右交換}$$

我:「這樣便能看出『a 和 a' 的關係』。妳看得出來吧?」

由梨:「明明 a' 比 a 長,卻 $a = pa'$,很奇怪吧!」

我:「不對,一點也不奇怪。p 是比 1 小的數,所以 $a = pa'$ 很正常。」

由梨:「喔,這樣啊。」

我:「對了,根據我們的目的,寫成 $a' = \dfrac{a}{p}$,比 $a = pa'$ 還適合。此式子顯示我們由內接正 n 邊形的邊長(一半),求出外切正 n 邊形的邊長(一半)。先整理一下目前的結果吧!」

「**整理 1**」（由內接正 n 邊形邊長，求外切正 n 邊形邊長）

假設內接正 n 邊形的邊長為 $2a$，外切正 n 邊形的邊長為 $2a'$，則以下式子成立：

$$a' = \frac{a}{p}$$

p 是「垂線長度，此垂線由圓心出發，垂直於正 n 邊形的一邊」。

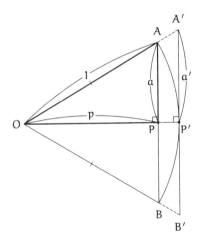

由梨：「OK！可是……」

我：「可是？」

4.11　內接正 n 邊形

由梨：「我不曉得 $a' = \dfrac{a}{p}$ 的 p 是什麼意思。」

我：「p 就是由圓心出發──」

由梨：「我不是這個意思啦！明明是『由 a 求 a'』的方法，卻突然跑出 p，這樣算得出來嗎？真是亂七八糟！」

我：「啊，妳是這個意思呀……只要確定 p 是什麼，妳就懂了吧。看圖應該會明白……」

由梨：「唔──」

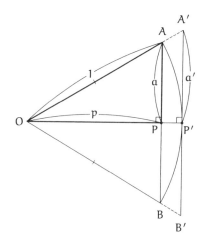

我：「利用**畢氏定理**來算吧。」

由梨：「那是什麼？」

我：「三角形 AOP 是直角三角形，所以可以用畢氏定理來算。
　　只要把兩個邊平方再相加，即能得到斜邊的平方。」

$$OP^2 + AP^2 = OA^2$$　　　根據畢氏定理，寫出直角三角形
　　　　　　　　　　　　　　AOP 的三個邊長

$$p^2 + a^2 = 1^2$$　　　因為 $OP = p$，$AP = a$，$OA = 1$

$$a^2 = 1 - p^2$$　　　將 p^2 移項至等號右邊

$$a = \sqrt{1 - p^2}$$　　　因為 $a > 0$，所以取正平方根

由梨：「哥哥剛才用了畢氏定理，把式子變來變去，可是你到
　　底想做什麼呢？我不明白。」

我：「嗯，來看看 $a = \sqrt{1 - p^2}$ 這個等式吧，等號左邊是 a，右
　　邊是 p。」

由梨：「嗯。」

我：「所以 $a = \sqrt{1 - p^2}$ 這個等式能夠『由 p 求 a』，對吧？」

由梨：「由 p 求 a……咦？」

我：「等式 $a = \sqrt{1 - p^2}$ 代表『知道 p，便能算出 a』。」

由梨：「喔！是這個意思啊！」

我：「因此，p 是很重要的數字！知道 p 就能算出 a，知道 p 和 a 就能算出 a'。」

由梨：「沒錯！」

我：「整理一下思緒吧。」

「整理 2」（內接正 n 邊形）

設內接正 n 邊形的邊長為 $2a$，OP 線段從圓心出發，垂直於內接正 n 邊形的一邊，長度為 p，則以下等式成立：

$$a = \sqrt{1 - p^2}$$

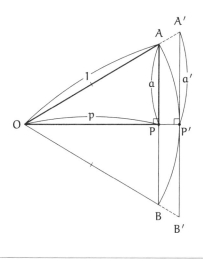

4.12　由內接正 n 邊形求內接正 2n 邊形

我：「接著，我們來思考內接正 2n 邊形的情況吧。」

由梨：「剛才不是做過了嗎？」

我：「不對，剛才討論的是內接和外切正 n 邊形。接下來，我們只討論內接，而且要由正 n 邊形求正 2n 邊形。」

由梨：「啊！」

我：「畫出圖，標上符號。外切正 n 邊形有點礙事，先拿掉吧。」

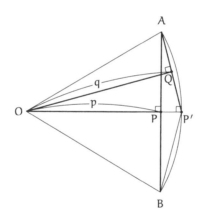

由梨：「咦──變得亂七八糟！」

我：「不會，只是把 AP' 連起來，再由 O 做垂線。」

由梨：「哥哥，為什麼要把 AP' 連起來呢？」

我：「咦？因為 AP' 是正 2n 邊形的一個邊。」

由梨：「唔……」

我：「由梨還看不出來哪個是『內接正 n 邊形』的邊，哪個是『內接正 2n 邊形』的邊嗎？妳再仔細看看這張圖吧。」

由梨：「嗯——」

我：「再看一次下圖。」

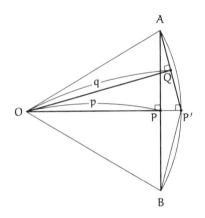

我：「圖中，縱向的線段 AB 是內接正 n 邊形的一邊，而右邊構成一角度的 AP' 和 P'B 是內接正 2n 邊形的兩邊。妳明白線段的位置關係了嗎？」

由梨：「啊，我懂了。q 是 OQ 的長度嗎？」

我：「沒錯。」

由梨：「接下來該做什麼呢？」

我：「嗯，我們的目的是推導出，由 AB 求 AP' 長度的公式喔，因為我們想由內接正 n 邊形的邊長，算出內接正 2n 邊形的邊長。」

由梨：「嗯。」

我：「為達這個目的，我們必需知道如何由 AP = a 求 AQ，亦即由一半的 AB 求一半的 AP'。在這之前，我們必需先知道由 OP 求 OQ 的方法，亦即用 p 表示 q。這就是『由 n 邊形到 2n 邊形』的重點。」

由梨：「嗯……」

我：「聽起來很難嗎？p 之於正 n 邊形，相當於 q 之於正 2n 邊形。所以只要由 p 求出 q，就能從正六邊形開始，6→12→24→48→96，一步步達成我們的目的。」

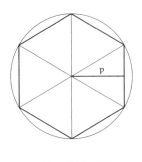

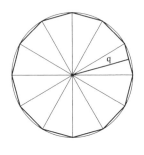

內接正六邊形的 p　　　　　　　　內接正十二邊形的 q

由梨：「又要寫算式啊？」

我：「當然，我們應該寫 q =『以 p 表示』的算式。」

由梨：「該怎麼做呢？」

我：「我不知道。」

由梨：「咦？」

我：「由梨，給我一點時間想想看。」

　　　我在圖形上摸索一陣子。

我：「嗯……」

由梨：「有這麼難嗎？」

我：「也不是，雖然可以用三角函數這個絕招解決，但這樣太
　　　無趣了……啊，這樣如何呢？先做一條垂線。」

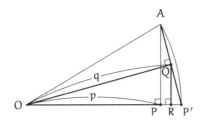

由梨：「唔，變得更複雜了。」

我：「這樣畫很好懂喔。由點 Q 對線段 OP' 做垂線，設垂足為 R。」

由梨：「垂足？」

我：「垂線和底線的交點，稱為『垂足』。」

由梨：「然後呢？」

我：「因為要由 p 求 q，我們先聚焦於三角形 QOR，由此可知，三角形 QOR 和三角形 AOQ 是相似形。」

由梨：「又是相似形？」

我：「是啊，跟剛才一樣。要由 p 求 q，需考慮延伸的幅度比例，所以要尋找相似形。『尋找相似形』需注意角度大小，如果一個三角形有兩個角等於另一個三角形的兩個角，則這兩個三角形就是相似形，所以必需注意角度的異同。首先，『角 AQO 和角 QRO 相等』吧？因為它們是直角。妳明白為什麼『角 AOQ 和角 QOR 相等』嗎？」

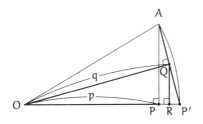

由梨：「因為由圖看來，長得一樣吧。」

我：「其實是因為線段 OA 和線段 OP' 都是圓的半徑。換句話
　　說，三角形 OP'A 是等腰三角形，所以底角 OAP' 和 OP'A
　　相等。」

由梨：「喔。」

我：「所以 AOQ 和 P'OQ 這兩個三角形完全一樣，是等腰三角
　　形被 OQ 切開所形成的兩個三角形，這代表角 AOQ 和角
　　P'OQ 相等。因此，『角 AOQ 和角 QOR 相等』。」

由梨：「原來如此！」

我：「相似形的比例可以這麼算……」

$$OR : OQ = OQ : OA$$
$$OR : q = q : 1 \qquad \text{因為 } OQ = q, OA = 1$$
$$OR = q^2$$

由梨：「咦？OR 看起來有點複雜耶！」

我：「咦？這樣啊……可是線段 OR = OP + PR = p + PR 成立呀……」

由梨：「PR 的長度是多少？」

我：「嗯，算出 PR 的長度，問題就解決了！」

由梨：「算得出來嗎？」

我：「……」

由梨：「哥哥啊。」

我：「呃……妳不要那麼急啦……」

由梨：「可是，R 不就是 PP' 的中點嗎？」

我：「看起來是這樣啦……啊！我知道了！」

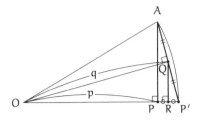

由梨：「這個是什麼？」

我：「三角形 P'QR 和三角形 P'AP 是相似形，比例是兩倍。」

$$OR = OP + PR$$
$$= p + PR \qquad \text{因為 } OP = p$$
$$= p + \frac{PP'}{2} \qquad \text{因為 } PR = \frac{PP'}{2}$$
$$= p + \frac{1 - OP}{2} \qquad \text{因為 } PP' = OP' - OP \text{ 且 } OP' = 1$$
$$= p + \frac{1 - p}{2} \qquad \text{因為 } OP = p$$
$$= \frac{1 + p}{2}$$

我：「因為 $OR = q^2$ 且 $OR = \frac{1+p}{2}$，所以……」

$$q^2 = \frac{1 + p}{2}$$
$$q = \sqrt{\frac{1 + p}{2}} \qquad \text{因為 } q > 0$$

我：「這麼一來，便能由 p 求 q！」

由梨：「呃⋯⋯我跟不上啦──」

我：「快看『整理 3』！」

「整理 3」（內接正 n 邊形）

由圓心出發，垂直於內接正 n 邊形的一邊，做出垂線，長度為 p；由圓心出發，垂直於圓內接正 2n 邊形的一邊，做出垂線，長度為 q，則以下式子會成立：

$$q = \sqrt{\frac{1+p}{2}}$$

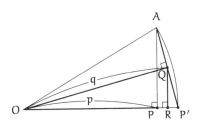

由梨：「嗯，哥哥，不好意思，我有點膩了。」

我：「準備工作終於結束，從目前的準備工作看來，我們應該
　　能求出由梨期待的 3.14 喔⋯⋯」

由梨：「真的嗎？」

我：「嗯，一定可以！」

4.13　終於得到 3.14

由梨：「剛才做的一大堆計算為什麼能算出 3.14 呢？離 3.14 還很遠吧喵……」

我：「我們把目前得到的結果整理一下吧。」

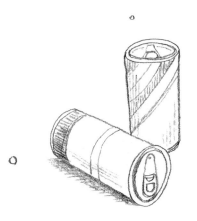

「整理 1, 2, 3」

$$a = \sqrt{1-p^2}$$ 用 p 表示 a（第 198 頁）

$$a' = \frac{a}{p}$$ 用 p, a 表示 a'（第 195 頁）

$$q = \sqrt{\frac{1+p}{2}}$$ 用 p 表示 q（第 207 頁）

$$L_n = n \cdot a$$ 用 a 表示 L_n

$$M_n = n \cdot a'$$ 用 a' 表示 M_n

- $2a$ 為「內接正 n 邊形的邊長」
- $2a'$ 為「外切正 n 邊形的邊長」
- p 為「垂線的長度，此垂線從圓心出發，垂直於正 n 邊形的一邊」
- q 為「垂線的長度，此垂線從圓心出發，垂直於正 2n 邊形的一邊」
- $2L_n$ 為「內接正 n 邊形的周長」
- $2M_n$ 為「外切正 n 邊形的周長」

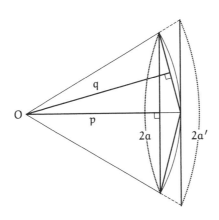

由梨：「接下來該怎麼做呢？」

我：「雖然我們把這些線段命名為 $2a$, $2a'$, p, q，但這樣其實不太好。」

由梨：「你怎麼現在才說！」

我：「我們應該『用 n 表示』，因為只要 n 改變，$2a$, $2a'$, p, q 便會跟著改變。」

由梨：「為什麼不一開始就用 n 來表示呢？」

我：「因為這麼做，思考過程的算式會變得很複雜。不過，接下來，為了按照阿基米德的方法來推導，讓 n 依照 6→12→24→48→96 的順序增加，即使算式變得比較複雜，也忍耐一下吧。我們把『整理 1、2、3』重寫一遍吧。」

「整理 1, 2, 3」

$$a_n = \sqrt{1 - p_n^2} \qquad 用\ p_n\ 表示\ a_n$$

$$a_{n'} = \frac{a_n}{p_n} \qquad 用\ p, a\ 表示\ a_{n'}$$

$$p_{2n} = \sqrt{\frac{1 + p_n}{2}} \qquad 用\ p_n\ 表示\ p_{2n}$$

$$L_n = n \cdot a_n \qquad 用\ a_n\ 表示\ L_n$$

$$M_n = n \cdot a_{n'} \qquad 用\ a_{n'}\ 表示\ M_n$$

- $2a_n$ 為「內接正 n 邊形的邊長」
- $2a_{n'}$ 為「外切正 n 邊形的邊長」
- p_n 為「垂線長度，此垂線從圓心出發，垂直於正 n 邊形的一邊」
- p_{2n} 為「垂線長度，此垂線從圓心出發，垂直於正 2n 邊形的一邊」
- $2L_n$ 為「內接正 n 邊形的周長」
- $2M_n$ 為「外切正 n 邊形的周長」

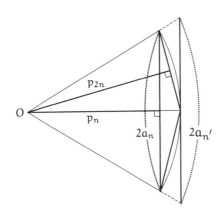

由梨：「咦？q怎麼變成 p_{2n} ？」

我：「因為 p 是正 n 邊形所用的符號，而 q 是正 2n 邊形所用的符號。」

由梨：「接下來該做什麼呢？」

我：「由『整理 1, 2, 3』可知——」

- p_n 可求 a_n
- p_n 和 a_n 可求 a_n'
- p_n 可求 p_{2n}

由梨：「嗯。」

我：「所以，我們可以照下列順序計算各值，還可求每個 p_n 的 a_n、a_n'、L_n 和 M_n。」

$$p_6 \to p_{12} \to p_{24} \to p_{48} \to p_{96}$$

由梨：「嗯。」

我：「於是我們可以用『內接正 n 邊形的周長為 $2L_n$』，以及『外切正n邊形的周長為 $2M_n$』夾出答案。圓周是 $2\pi r$，由於 r = 1，所以圓周是 2π。」

$$2L_n < 2\pi < 2M_n$$

由梨：「我們用『圓周率的下限值』和『圓周率的上限值』，
　　　夾出答案！」

我：「沒錯。把周長設為 $2L_n$，只是為了讓算式更簡單。若把所
　　有項目都除以 2，會變成下式。」

$$L_n < \pi < M_n$$

我：「從正六邊形開始則是下式。」

$$L_6 < \pi < M_6$$

由梨：「L_6 是指內接正六邊形的周長嗎？」

我：「是周長的一半，$2L_6 = 6$，所以周長是 $L_6 = 3$。」

由梨：「啊，這樣啊。」

我：「只要畫出正六邊形的圖即可看出，p_6 等於正三角形的高
　　（三角形邊長為 1）。利用畢氏定理計算，可得到式子——
　　　$p_6 = \sqrt{1^2 - \left(\dfrac{1}{2}\right)^2} = \dfrac{\sqrt{3}}{2}$。」

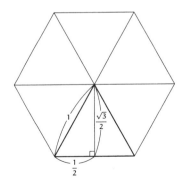

我：「知道 p_6 就算得出 a_6，知道 a_6、p_6 就算得出 a_6'，知道 a_6' 就算得出 $M_6 = 6 \cdot a_6'$。接著，便能利用『整理 1, 2, 3』，依序算出各 p_n 的值。平方根的計算交給計算機吧！」

$$p_6 \quad = \frac{\sqrt{3}}{2} \qquad = 0.866025403$$

$$a_6 \quad = \sqrt{1 - p_6^2} \quad = \sqrt{1 - \left(\frac{\sqrt{3}}{2}\right)^2} = 0.5$$

$$a_6' = \frac{a_6}{p_6} \qquad = 0.577350269$$

$$L_6 \quad = 6 \cdot a_6 \qquad = 3$$

$$M_6 \quad = 6 \cdot a_6' \qquad = 3.46410161614$$

由梨：「呃，這個是？」

我：「計算 L_6 和 M_6 呀！這麼一來，便能算出『由正六邊形求得的圓周率範圍』。」

由正六邊形求得的圓周率範圍：

$$3 = L_6 < \pi < M_6 = 3.46410161614$$

圓周率介於 3 和 3.464……之間。

由梨：「哥哥！3.464…這數字根本不行！和 3.14 差太多啦喵……」

我：「冷靜，這只是第一步的 n = 6。接下來，要算 n = 12，須運用剛才寫的『整理 1, 2, 3』。」

由梨：「喔。」

我：「接著算 n = 12，照著剛才的步驟，不過 n 要變成兩倍。」

$$p_{12} = \sqrt{\frac{1 + p_6}{2}} = 0.965925825$$

$$a_{12} = \sqrt{1 - p_{12}^2} = 0.258811905$$

$$a_{12}' = \frac{a_{12}}{p_{12}} = 0.267949197$$

$$L_{12} = 12 \cdot a_{12} = 3.1058286$$

$$M_{12} = 12 \cdot a_{12}' = 3.215390364$$

由梨：「嗯——介在 L_{12} 和 M_{12} 之間吧……」

由正十二邊形求得的圓周率範圍：

$$3.1058286 = L_{12} < \pi < M_{12} = 3.215390364$$

圓周率介於 3.105……和 3.215……之間。

我：「不錯，圓周率的範圍縮小到 3.105……和 3.215……之間了。」

由梨：「嗯！趕快算下一個吧！」

我：「下一個是 n = 24。」

$$p_{24} = \sqrt{\frac{1 + p_{12}}{2}} = 0.99144486$$

$$a_{24} = \sqrt{1 - p_{24}^2} = 0.130526204$$

$$a_{24}' = \frac{a_{24}}{p_{24}} = 0.131652509$$

$$L_{24} = 24 \cdot a_{24} = 3.132628896$$

$$M_{24} = 24 \cdot a_{24}' = 3.15966021 6$$

由正二十四邊形求得的圓周率範圍：

$$3.132628896 = L_{24} < \pi < M_{24} = 3.15966021 6$$

圓周率介於 3.132……和 3.159……之間。

由梨：「好厲害！好厲害！介於 3.13 和 3.15 之間，就是 3.14！」

我：「是啊，這麼一來就，**確定圓周率的數值是 3.1……**不過，還沒辦法確定是 3.14 喔，因為下限值是 3.132……所以圓周率可能是 3.133……」

由梨：「你怎麼突然變得那麼謹慎啊！快點做正四十八邊形吧！」

我：「嗯，說的也是。再來是 n = 48。」

$$p_{48} = \sqrt{\frac{1 + p_{24}}{2}} = 0.997858922$$

$$a_{48} = \sqrt{1 - p_{48}^2} = 0.065403149$$

$$a_{48}' = \frac{a_{48}}{p_{48}} = 0.065543482$$

$$L_{48} = 48 \cdot a_{48} = 3.139351152$$

$$M_{48} = 48 \cdot a_{48}' = 3.146087136$$

由梨：「出現了！M_{48} 出現 3.14！」

我：「嗯，不過下限值 L_{48} 還是 3.139⋯⋯」

由正四十八邊形求得的圓周率範圍：

$$3.139351152 = L_{48} < \pi < M_{48} = 3.146087136$$

圓周率介於 3.139⋯⋯和 3.146⋯⋯之間。

由梨：「還差一步！」

我：「所以，要算出 3.14，必須做到正九十六邊形。」

由梨：「啊，原來如此！阿基米德真厲害！」

我：「我們快點來做正九十六邊形吧！」

由梨：「好！」

$$p_{96} = \sqrt{\frac{1 + p_{48}}{2}} = 0.999464587$$

$$a_{96} = \sqrt{1 - p_{96}^2} = 0.032719107$$

$$a_{96}' = \frac{a_{96}}{p_{96}} = 0.032736634$$

$$L_{96} = 96 \cdot a_{96} = 3.141034272$$

$$M_{96} = 96 \cdot a_{96}' = 3.142716864$$

我：「出現了！」

由梨：「出現了！3.14 出現了！」

由正九十六邊形求得的圓周率範圍：

$$3.141034272 = L_{96} < \pi < M_{96} = 3.142716864$$

圓周率介於 3.141……和 3.142……之間。

我：「嗯，我們已確定，圓周率 π 大於 3.141……小於 3.142……
也就是說——」

由梨：「也就是說——圓周率是 3.14……對吧！」

我：「是啊，小數點以下兩位的數字已確定！」

由梨：「太棒了！我們終於算出 3.14！」

從正六邊形到正九十六邊形，夾出來的圓周率：

n	L_n	<	π	<	M_n
6	3.000···	<	π	<	3.464···
12	3.105···	<	π	<	3.215···
24	3.132···	<	π	<	3.159···
48	3.139···	<	π	<	3.146···
96	3.141···	<	π	<	3.142···

我：「完成了，由梨！」

由梨：「完成了！原來 3.14 可以一步步算出來！」

註 1.「我」和由梨使用計算機來計算平方根，而阿基米德是用直式開平方法來計算的。

註 2. 上文所出現的數值，沒有考慮到計算機的有效位數，例如 3.141034272 或 3.142716864 等很長的數字，最末端的位數並不正確。

參考文獻：上野健爾《円周率 π をめぐって》（日本評論社）。

「『自己的第一次』具有重大意義。」

第 4 章的問題

●問題 4-1（測量圓周率）

怎麼用卷尺測量圓周率的概略值呢？首先，找一個圓形物體，用卷尺量周長。接著，用卷尺量直徑。假設圓的周長是 ℓ，直徑是 a，則該如何求圓周率的概略值呢？

（解答在第 298 頁）

●問題 4-2（秤圓周率）

怎麼用廚房電子秤（用來調整食材用量的秤）算圓周率的概略值呢？首先，在方格紙上，畫出半徑 a 的圓，剪下來，並秤重量。再來，在同樣的方格紙上，畫邊長 a 的正方形，把它剪下來，並秤重量。假設圓的重量是 x 公克，正方形的重量是 y 公克，則該如何求圓周率的概略值呢？

（解答在第 299 頁）

第 5 章

繞著圈子前進

5.1 在圖書室

下課後，我一如往常在圖書室研究數學。蒂蒂向我走來，對我打聲招呼。

蒂蒂：「學長⋯⋯你現在方便嗎？我想問一個問題。」

我：「啊，等我一下，我把這個部分寫完──嗯，好了，怎麼啦？」

蒂蒂：「不好意思，打擾你讀書⋯⋯之前學長教我怎麼旋轉點，以及三角函數⋯⋯」

蒂蒂打開她的《秘密筆記》。

我：「嗯，是啊。」

蒂蒂：「那時，學長教的內容相當有趣，不過有些地方有點難⋯⋯而我想多學一點和三角函數有關的內容。」

我：「蒂蒂好認真，覺得很難反而『想多學一點』。」

蒂蒂：「咦……啊……因為不這麼做，不懂的東西會變得越來越多。」

我：「嗯，妳對三角函數有什麼問題呢？」

蒂蒂：「啊──參考書說明三角函數的部分，只有一大堆公式，使我覺得『這麼多公式，我怎麼可能記得起來』……」

我：「是啊，三角函數有很多公式呢。」

蒂蒂：「我常會覺得──我有辦法記熟那麼多公式嗎？而且，說明這些公式的圖也很複雜，讓我不知如何是好。」

我：「嗯，我懂。一次學會所有公式並不容易，一個一個慢慢練習會比較好喔。對了，妳有沒有對哪個公式比較有興趣呢？」

蒂蒂：「我想想……有的，三角函數的**和角定理**我不太明白。等我一下喔，我找找看筆記……」

我：「嗯，我可以為妳說明和角定理。」

蒂蒂：「咦？」

5.2 和角定理

我：「我可以馬上告訴妳和角定理的來由。sin 的和角定理是
……」

三角函數的和角定理

$$\sin(\alpha + \beta) = \sin\alpha\cos\beta + \cos\alpha\sin\beta$$

蒂蒂：「不愧是學長！為什麼你能那麼快寫出來呢？」

我：「寫過很多次就會記下來囉。參考書有許多教妳記憶的口
訣，我用『sin・cos、cos・sin』的方式記憶。」

蒂蒂：「咦？」

我：「先看等號右邊，是 $\sin\alpha\cos\beta + \cos\alpha\sin\beta$ 吧？角度的排
列順序固定為 α、β，所以要記的只有三角函數的排列順
序，也就是 sin・cos 和 cos・sin。」

蒂蒂：「這樣啊……」

我：「妳可以自己想一個記憶口訣喔。」

蒂蒂：「原來如此。」

我：「但不能死背公式，要明白它的意思。」

蒂蒂：「什麼意思？」

我：「如果不明白 $\sin(\alpha + \beta) = \sin\alpha\cos\beta + \cos\alpha\sin\beta$ 的意思，會不知道怎麼利用這個公式，導致妳無法解題。」

蒂蒂：「原來如此，要理解和角公式的意思……」

我：「嗯，不過，公式不只有一種解讀方式，我們常會遇到『這個公式也能這樣解讀呀』的狀況，公式有很多解讀方式。不管是公式的意義或解讀方式，改變公式的樣子，就會發現新觀點，相當有趣喔。」

蒂蒂：「學長！我覺得學長的想法很令人羨慕！我也想『發現』新觀點！舉例來說，這個公式該怎麼解讀呢？」

$$\sin(\alpha + \beta) = \sin\alpha\cos\beta + \cos\alpha\sin\beta$$

我：「先看等號左邊，$\alpha + \beta$ 是角度的和。」

$$\sin(\underbrace{\alpha + \beta}_{\text{和}}) = \cdots$$

蒂蒂：「的確是這樣……」

我：「因為這個定理有關於和——加法，所以叫作『和角定理』。來看看等號右邊吧，等號右邊完全沒有 $\alpha + \beta$，而有

多個 α 和 β 交替登場。」

$$\cdots = \sin\ \underbrace{\alpha}\ \cdot\cos\ \underbrace{\beta}\ +\cos\ \underbrace{\alpha}\ \cdot\sin\ \underbrace{\beta}$$

蒂蒂：「真的……我仔細再看一遍才發現。」

　　蒂蒂全神貫注地聽我教學，一字一句都不放過，且適時回應。蒂蒂的態度使我想教她更多，這代表她『善於傾聽』嗎……嗯，蒂蒂應該是『善於受教』吧。

我：「所以碰到『很難求出 $\sin\theta$』的狀況，必須——」

- 將 θ 表示為 α 和 β 的和—— $\theta = \alpha + \beta$
- 個別的 $\cos\alpha, \cos\beta, \sin\alpha, \sin\beta$ 便能輕易算出來

我：「而這須用和角定理來解。」

蒂蒂：「原來如此！這就是和角定理的解讀啊！」

我：「不過，這只是一種解讀方式。」

蒂蒂：「是的……但是會有這麼剛好的狀況嗎？」

我：「舉例來說，如果看出 $2\theta = \theta + \theta$，即能明白倍角公式 $\sin 2\theta = 2\cos\theta\sin\theta$。此外，對 $\sin x$ 微分，在處理 $\sin(x + h)$ 的時候，也會用到和角公式。」

蒂蒂：「原來是這樣……」

　　蒂蒂記錄於《秘密筆記》。

我：「蒂蒂不曉得和角公式是怎麼來的嗎？」

蒂蒂：「嗯……雖然參考書有許多說明和角公式的圖，但太複雜了，我試著去理解還是辦不到。」

我：「嗯，我畫個簡單的圖形說明吧，我們一起做，妳就會懂囉，也會明白為什麼和角公式可導出——」

$$\sin \alpha \cos \beta + \cos \alpha \sin \beta$$

蒂蒂：「真的嗎？」

5.3　從單位圓開始

我：「接著，我來說明和角公式 $\sin (\alpha + \beta) = \sin \alpha \cos \beta + \cos \alpha \sin \beta$ 為什麼會成立吧。」

蒂蒂：「好，拜託你了。」

我：「啊，對了。用圖來說明一般化的情形，角度大小會影響到圖，所以我們先假設 α 和 β 大於 $0°$，而 $\alpha + \beta$ 小於 $90°$。」

蒂蒂：「好。」

我：「先來複習『半徑為 1 的圓（單位圓）』，以及 sin 和 cos 的關係吧。」

蒂蒂：「好……」

我：「以單位圓的圓心為旋轉中心，將單位圓上的點$(1, 0)$，沿圓周旋轉 α 度。把這個過程畫成右頁圖。」

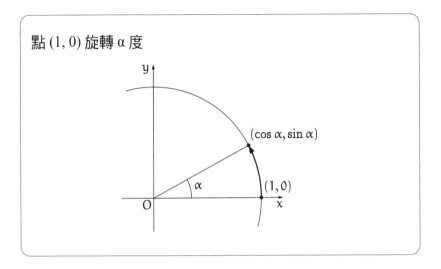

點 $(1, 0)$ 旋轉 α 度

蒂蒂:「我知道,x 座標是 $\cos \alpha$,y 座標是 $\sin \alpha$。」

我:「妳可以把這個當作 cos 和 sin 的定義喔。接著,請蒂蒂旋轉 β 給我看,好嗎?」

蒂蒂:「好!角度是 β……是這樣嗎?」

點 $(1, 0)$ 旋轉 β 度

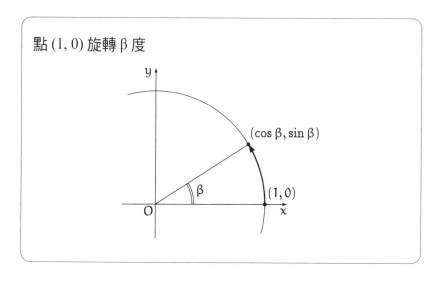

我：「抱歉，是我的指示不夠明確。這張圖中，蒂蒂把點$(1, 0)$
　　轉了 β 度吧？」

蒂蒂：「對……有什麼錯誤嗎？」

我：「沒有，蒂蒂畫的圖很正確。不過，我想說明的圖是
　　……」

點 (cos α, sin α) 旋轉 β 度

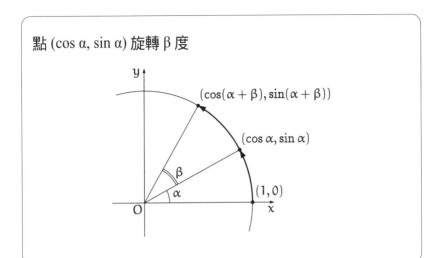

蒂蒂:「啊……把兩個旋轉加起來?」

我:「沒錯。使點 (1, 0) 旋轉 α 度,得到點 (cos α, sin α),接著再將這個點旋轉 β 度,便會得到點 (cos (α + β), sin (α + β))。明白嗎?」

$$(1, 0) \overset{\alpha}{\to} (\cos \alpha, \sin \alpha) \overset{\beta}{\to} (\cos(\alpha + \beta), \sin(\alpha + \beta))$$

蒂蒂:「我明白了。先轉 α 度,再轉 β 度,兩個加起來,相當於旋轉 α + β 度,一口氣到定位!」

我:「嗯,沒錯。」

$$(1,0) \quad \overset{\alpha + \beta}{\longrightarrow} \quad (\cos(\alpha + \beta), \sin(\alpha + \beta))$$

蒂蒂:「接下來,該做什麼呢?」

我:「我們現在想求 $\sin(\alpha + \beta)$,而點 $(1,0)$ 旋轉後的 y 座標,正好是 $\sin(\alpha + \beta)$ 吧!」

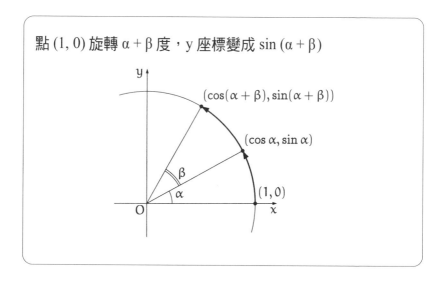

點 $(1,0)$ 旋轉 $\alpha + \beta$ 度,y 座標變成 $\sin(\alpha + \beta)$

蒂蒂:「真的耶,這就是和角公式的 $\alpha + \beta$!」

我:「是啊,我們已找到 α 與 β 的和。」

蒂蒂:「接下來呢?」

我：「嗯，我們已經知道 $\sin(\alpha + \beta)$ 在哪裡，所以接下來要找 $\sin\alpha\cos\beta + \cos\alpha\sin\beta$ 在哪裡，想辦法讓兩者之間的等號成立。」

已找出和角公式左邊的 $\sin(\alpha + \beta)$，

和角公式右邊的 $\sin\alpha\cos\beta + \cos\alpha\sin\beta$ 在哪裡？

兩者會相等嗎？

蒂蒂：「原來如此！把問題轉換到『圖形的世界』！」

我：「沒錯！現在我們來尋找 $\sin(\alpha + \beta)$ 吧。」

蒂蒂：「不過……即使轉換到『圖形的世界』，我也沒辦法湊出那麼複雜的算式！」

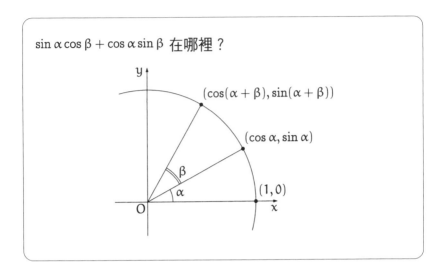

$\sin \alpha \cos \beta + \cos \alpha \sin \beta$ 在哪裡？

5.4　波利亞的提問

我：「蒂蒂啊，之前米爾迦有提到波利亞的《怎樣解題》吧！」

蒂蒂：「嗯？是啊。她提到『善於提出問題的波利亞』。」

我：「波利亞提出的問題，有一部分屬於『若眼前的問題無法解決，應該提出的問題』，其中有一個問題是『能否解出問題的一部分』。」

波利亞的提問──能否解出問題的一部分？

蒂蒂：「解出問題的一部分？可是要怎麼解出 $\sin \alpha \cos \beta + \cos \alpha \sin \beta$ 的一部分呢？」

5.5　解出問題的一部分

我：「解出問題的一部分是指，不去解 $\sin \alpha \cos \beta + \cos \alpha \sin \beta$ 所有的項。舉例來說，我們可以先找式子的最後一項──$\sin \beta$，亦即式子的一部分。」

$$\sin \alpha \cos \beta + \cos \alpha \underbrace{\sin \beta}_{\uparrow}$$

蒂蒂：「$\sin \beta$……是指下頁圖嗎？」

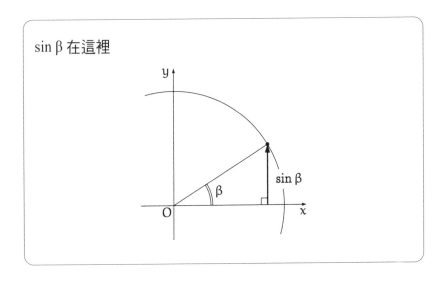

sin β 在這裡

我：「啊，雖然妳的做法沒有錯，不過我是要在 sin (α + β) 的圖
形中，找到 sin β。以這張圖為例，sin β 應該如右頁圖在傾
斜的三角形裡。」

sin β 在這裡

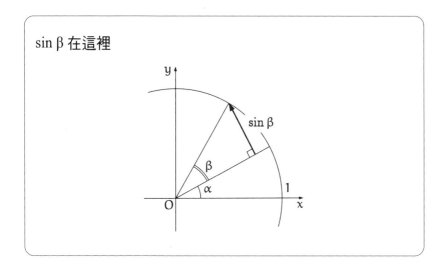

蒂蒂：「學長⋯⋯這不是和我的三角形一樣嗎？只是多旋轉了 α 度。」

我：「嗯？的確如此呢。」

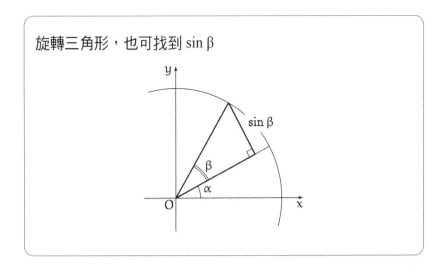

旋轉三角形，也可找到 $\sin \beta$

我：「總之，我們順利找出等號右邊的 $\sin \beta$ 了。」

蒂蒂：「是的！找到了！」

$$\sin \alpha \cos \beta + \cos \alpha \underbrace{\sin \beta}_{\text{找到！}}$$

我：「回過頭檢視『能否解出問題的一部分』，我們已經找出 $\sin \beta$，而 $\cos \beta$ ——」

蒂蒂：「我找到了！是這個吧！」

我：「蒂蒂手腳真快！」

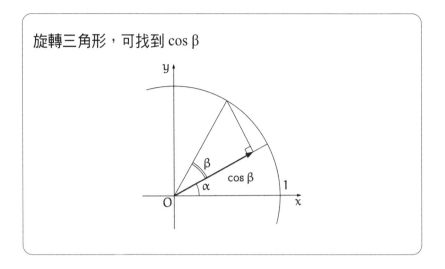

旋轉三角形，可找到 $\cos \beta$

蒂蒂：「因為這是我自己畫的三角形啊！」

我：「如此一來，我們順利找到等號右邊的 $\cos \beta$ 囉。」

$$\sin \alpha \underbrace{\cos \beta}_{\text{找到！}} + \cos \alpha \underbrace{\sin \beta}_{\text{找到！}}$$

蒂蒂：「嗯！但是……」

我：「但是？」

蒂蒂：「還要乘以 $\sin \alpha$ 和 $\cos \alpha$ 吧？」

我：「是啊，我們再仔細看一次圖，研究看看該怎麼辦吧！」

　　我說完這句話，只見蒂蒂露出困惑的表情。

蒂蒂：「不好意思，學長剛才說的內容，我大致都明白，不過，你用一大堆符號，設下許多複雜的步驟，要我『研究看看』……到底要研究什麼呢？對不起，我提出這麼笨的問題……」

我：「不會，沒關係。在尋找答案的過程中，有時會不曉得自己該怎麼辦，此時請妳回想波利亞的提問。」

蒂蒂：「波利亞的提問？」

我：「例如，我們『想求什麼』？」

波利亞的提問──想求什麼？

蒂蒂：「我們──我們想求的是 $\sin \alpha \cos \beta + \cos \alpha \sin \beta$。」

我：「沒錯。若想求 $\sin \alpha \cos \beta + \cos \alpha \sin \beta$，只需要知道──$\sin \alpha \cos \beta$ 和 $\cos \alpha \sin \beta$。」

蒂蒂：「沒錯，把它們加起來即可。」

我：「那麼，另一個波利亞的提問，問我們『已知哪些訊息』？」

波利亞的提問──已知哪些訊息？

蒂蒂：「我想想……α 和 β 是已知的訊息。」

我：「而且，我們剛剛用這些訊息得到了 cos β 和 sin β，如下式。」

$$\sin \alpha \underbrace{\cos \beta}_{\text{已知}} + \cos \alpha \underbrace{\sin \beta}_{\text{已知}}$$

蒂蒂：「沒錯，我們剛才找出來了。」

我：「想想看，能不能藉由我們已知的訊息，組合出想求的答案？也就是說，要由『cos β 與 sin β』算出『sin α cos β 與 cos α sin β』。」

蒂蒂：「啊！」

蒂蒂圓滾滾的眼睛突然為之一亮。

蒂蒂：「從『已知的訊息』組合出『想求的答案』……！」

我：「沒錯。照這個模式執行吧，蒂蒂。」

蒂蒂：「好，我想想看！」

可以藉由 $\cos \beta$ 和 $\sin \beta$，求出 $\sin \alpha \cos \beta$ 和 $\cos \alpha \sin \beta$ 嗎？

蒂蒂：「我找到 $\sin \alpha \cos \beta$ 了！仔細看右頁圖的三角形 AOH ……在這個地方！」

找到 $\sin \alpha \cos \beta$！

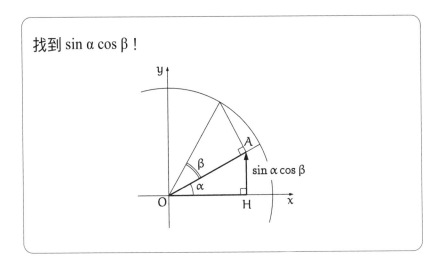

考慮直角三角形 AOH，由 $\sin\alpha$ 的定義可知：

$$\sin\alpha = \frac{HA}{OA}$$

可改寫成：

$$HA = OA\sin\alpha$$

因此，可得以下結果：

$$
\begin{aligned}
HA &= OA\sin\alpha \\
&= \cos\beta\,\sin\alpha \quad \text{因為 } OA = \cos\beta \\
&= \sin\alpha\,\cos\beta \quad \text{交換乘積的前後順序}
\end{aligned}
$$

我：「厲害！我們順利找出來了。」

$$\underbrace{\sin\alpha\,\cos\beta}_{\text{找到！}} + \cos\alpha\,\underbrace{\sin\beta}_{\text{找到！}}$$

蒂蒂：「真的耶！」

我：「現在只剩下——」

蒂蒂：「只剩下 $\cos\alpha\sin\beta$ 吧！」

　　接著，蒂蒂耗費許多時間，努力地尋找。看她苦戰好一陣子的我，忍不住提示她。

我：「蒂蒂，就在這裡喔。」

蒂蒂:「啊!學長!不要說出來啦!」

找到 $\cos\alpha\sin\beta$!

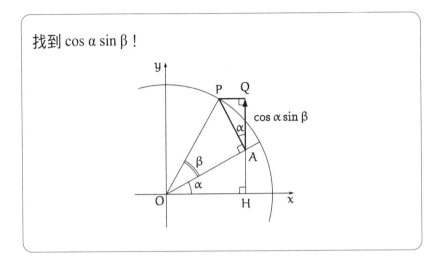

因為三角形的內角和為 180°，而直角三角形 AOH 的角 AOH 為 α，等於 180° 減角 OAH 與角 AHO（＝90°）。

$$\alpha = 180° - 角\ OAH - 90°$$

此外，角 PAQ 的大小等於角 HAQ（＝180°）減角 OAH 與角 OAP（＝90°）。

$$角\ PAQ = 180° - 角\ OAH - 90°$$

由以上二式可得：

$$角\ PAQ = \alpha$$

考慮直角三角形 PAQ，由 cos α 的定義可得：

$$\cos\alpha = \frac{AQ}{PA}$$

等於：

$$AQ = PA\cos\alpha$$

因此，可得：

$$
\begin{aligned}
AQ &= PA\cos\alpha & &\text{根據 cos α 的定義}\\
&= \sin\beta\cos\alpha & &\text{因為 } PA = \sin\beta\\
&= \cos\alpha\sin\beta & &\text{交換乘積的順序}
\end{aligned}
$$

我：「抱歉。」

蒂蒂：「對不起……我一時得意忘形，不小心大叫。不過，我順利求出每一項囉！」

$$\underbrace{\sin\alpha\cos\beta} + \underbrace{\cos\alpha\sin\beta}$$

我：「是啊！而且由圖可知，$\sin(\alpha+\beta)$ 與 $\sin\alpha\cos\beta+\cos\alpha\sin\beta$ 確實相等！」

$$\sin(\alpha+\beta) = \sin\alpha\cos\beta + \cos\alpha\sin\beta$$

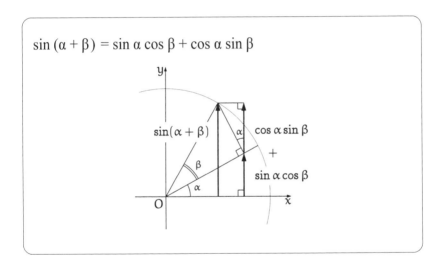

蒂蒂：「真的耶！」

5.6　回顧解題過程

蒂蒂：「學長……我發現一件事。」

我：「什麼？」

蒂蒂：「我剛才說『參考書的圖很複雜』，根本只是抱怨嘛。」

我：「沒有那麼糟糕啦。」

蒂蒂：「我只會盯著參考書的圖，從來沒有親自**動手算**。而學長卻一筆一劃地將圖畫下來，我……深刻反省。」

我：「是嗎？」

蒂蒂：「是的，既然我覺得參考書的圖太複雜，就應該努力『自己畫比較簡單的圖』才對呀……」

我：「沒錯，不管是算式或圖形，自己動手寫下來、畫下來，是很重要的。」

蒂蒂：「而且，我終於發現，自己的思考方式不正確。」

我：「什麼意思？」

蒂蒂：「學長已仔細地教我『波利亞的提問』。」

波利亞的提問

- 「能否解出問題的一部分」
- 「想求什麼」
- 「已知哪些訊息」

我：「是啊，我碰到困難的問題，都會這樣自問自答。」

蒂蒂：「果然……我以前從來沒有向自己提問。我想多接觸學長常做的事，這就是——我現在『想追求的東西』！」

　　蒂蒂認真地看著我，雙頰通紅。

我：「原來如此，不過我也要感謝妳。蒂蒂是個善於傾聽的人，所以我才能順利地講解喔。」

蒂蒂：「沒有啦，我只是……」

我：「接下來，我們來試看看另一個波利亞的提問吧！『結果是否一目瞭然』？」

波利亞的提問——結果是否一目瞭然？

蒂蒂:「一目瞭然?」

我:「是啊,雖然我們已確認 $\sin(\alpha+\beta) = \cdots\cdots$ 這條式子是正確的,但還要讓人一眼看懂。」

蒂蒂:「⋯⋯」

我:「看下圖就能馬上明白全部的過程囉。」

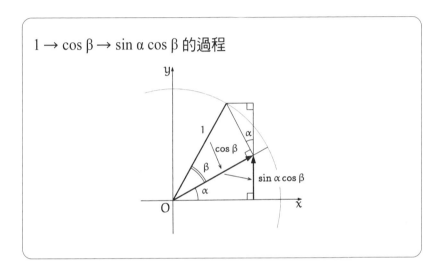

$1 \to \cos\beta \to \sin\alpha\cos\beta$ 的過程

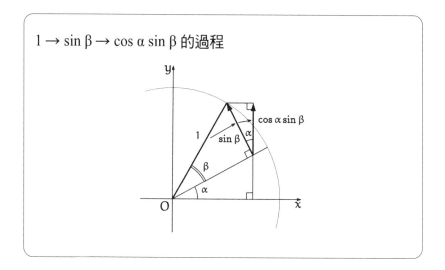

$1 \to \sin \beta \to \cos \alpha \sin \beta$ 的過程

蒂蒂:「原來如此⋯⋯我再畫一次!」

我:「**三角函數的和角定理**看起來很複雜,不過自己畫圖,便不容易忘記。」

三角函數的和角定理

$$\sin(\alpha + \beta) = \sin \alpha \cos \beta + \cos \alpha \sin \beta$$

蒂蒂:「瞭解!$\sin \alpha \cos \beta + \cos \alpha \sin \beta$ 就是『$\sin \cdot \cos$、$\cos \cdot \sin$』吧?」

我：「蒂蒂這麼快就背起來啦？」

蒂蒂：「是啊！對了……剛才用圖形說明的時候，我突然覺得，要解決這個問題，點的旋轉很重要吧！」

　　蒂蒂圓滾滾的眼睛彷彿閃耀著光芒。

我：「是啊，蒂蒂，因為三角函數的 cos 和 sin 可以用單位圓的點來定義。」

蒂蒂：「是啊。之前提到『三角函數』，我的腦海總會浮現『三角形』的形狀，雖然三角形也很重要，不過重點還是有沒有聯想到『圓』吧？」

我：「嗯，沒錯。妳可以說『三角函數是圓圓的函數』，因為三角函數是由角度 θ，所衍生的圓周上，某一點的 x 座標（$\cos \theta$）和 y 座標（$\sin \theta$）。」

「三角函數是圓圓的函數」

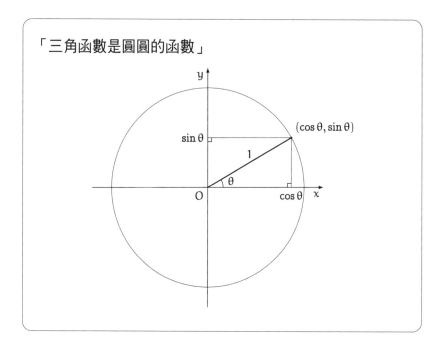

蒂蒂：「三角函數是圓圓的函數……原來如此！」

　　乖巧的蒂蒂拿出《秘密筆記》，立刻把這些重點記錄下來。看來蒂蒂相當喜歡這些重點呢！

5.7　表示旋轉的公式

我：「話說回來，上次我們講到表示旋轉的公式時，是不是被打斷了？」

蒂蒂：「是的，因為出現了相當複雜的算式。」

我：「就是這個吧……座標平面上的點 (a, b)，以原點為中心旋轉角度 θ，到達點 (a', b')……」

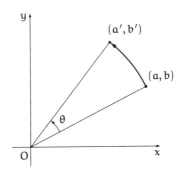

蒂蒂：「嗯。」

我：「若以座標表示即為……」

旋轉公式（參考第 155 頁）

- 設原點 $(0, 0)$ 為旋轉中心
- 設旋轉角度為 θ
- 設旋轉前的點為 (a, b)
- 設旋轉後的點為 (a', b')

最後所得的 a', b'，可用 a, b, θ 表示成以下式子：

$$\begin{cases} a' = a\cos\theta - b\sin\theta \\ b' = a\sin\theta + b\cos\theta \end{cases}$$

蒂蒂：「沒錯……學長，為什麼你能夠馬上寫出這麼複雜的『旋轉公式』呢？你是不是有背下來啊？」

我：「與其說是背下來，不如說，我想起之前米爾迦畫的圖，才能馬上寫出這個公式。」

蒂蒂：「圖？」

我：「妳看下頁圖。在座標平面上，旋轉以點 (a, b) 為一頂點的長方形……」

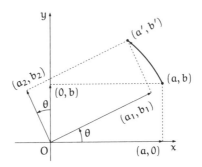

蒂蒂:「啊!真的耶……就是用兩個元素的和,組合而成的
      圖!」

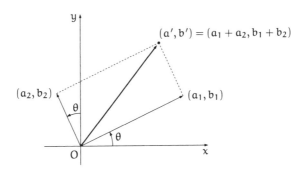

我:「沒錯,只需套入 $\cos\theta$ 和 $\sin\theta$,即可得到答案喔。」

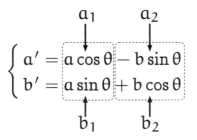

蒂蒂：「哇……我好像應該記住這些東西，因為不久前才教過嘛……」

我：「是啊。」

　　我突然想起，一開始蒂蒂還驚慌失措地說「我好像什麼都不知道」。

蒂蒂：「不過這個『旋轉公式』有點複雜耶……」

我：「的確有點複雜，蒂蒂。」

米爾迦：「是很複雜唷，蒂蒂。」

我：「哇！」

蒂蒂：「米爾迦學姊！」

5.8　矩陣

米爾迦：「接著來談上次被打斷的『旋轉矩陣』吧。蒂蒂知道矩陣是什麼嗎？」

蒂蒂：「雖然我有聽過矩陣，但我完全不明白那是什麼。」

我：「我來說明矩陣吧。」

蒂蒂：「拜託你了。」

我：「我們要討論的是，數學常用的**矩陣**。矩陣的基本原理很簡單，妳不用擔心。把數字排列成下圖的樣子，用一個大括弧框起來，就是矩陣。」

$$\begin{pmatrix} 1 & 2 \\ 3 & 4 \end{pmatrix}$$

蒂蒂：「嗯。」

我：「$\begin{pmatrix} 1 & 2 \\ 3 & 4 \end{pmatrix}$ 排列在矩陣內的數字，叫作矩陣的元素。」

蒂蒂：「元素……嗎？」

我：「元素可以用符號來表示，也可用算式來表示。表示元素的一般式，常會用 a, b, c, d 等符號，寫成……」

$$\begin{pmatrix} a & b \\ c & d \end{pmatrix}$$

蒂蒂：「學長……不好意思。」

我：「怎麼了？」

蒂蒂：「為什麼這個東西叫作『矩陣』呢？『陣』讓人想到軍隊的隊伍，是因為排成長方形，所以叫作矩陣嗎？」

我：「嗯⋯⋯數學的矩陣是把數字排列成表，在同一橫排的元素稱作列，在同一直排的元素則稱作行。」

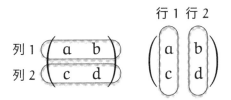

蒂蒂：「列與行嗎？這是有 2×2 個元素的矩陣⋯⋯」

米爾迦：「他現在說明的是，兩列兩行的矩陣——也就是 2×2 的矩陣。一般我們看到的矩陣，會有更多行與列。」

蒂蒂：「我明白了。」

我：「不同矩陣可以做加法和乘法，例如——」

米爾迦：「等一下。」

　　米爾迦突然制止我的說明

米爾迦：「直接從旋轉矩陣開始說明吧。」

我：「咦？」

蒂蒂：「怎麼了？」

米爾迦：「矩陣的基本原理很重要，但我們先來看比較有趣的東西吧。」

我：「喔……」

蒂蒂：「那個……我的程度學得會嗎？」

米爾迦：「當然，簡化複雜的算式，會清爽許多。」

蒂蒂：「好吧，拜託妳了。」

我：「……」

　　蒂蒂決定直接學習旋轉矩陣。
　　米爾迦，別太勉強蒂蒂啊……

5.9　旋轉公式

米爾迦：「蒂蒂覺得『旋轉公式』很複雜嗎？」

$$\begin{cases} a' = a\cos\theta - b\sin\theta \\ b' = a\sin\theta + b\cos\theta \end{cases}$$

旋轉公式

蒂蒂：「嗯……我覺得很複雜。」

米爾迦：「其實只要看穿『乘積和』的形式，就能掌握它的結構。」

蒂蒂：「『乘積和』？」

我：「『乘、乘、加』吧！」

米爾迦：「沒錯，就是『乘、乘、加』。你很會利用口訣記憶呢。」

我：「是啊。」

米爾迦：「『旋轉公式』有兩個地方是『乘、乘、加』。」

$$a' = a\cos\theta - b\sin\theta = \underbrace{\underbrace{\textcircled{a} \times \boxed{\cos\theta}}_{\text{相乘}} + \underbrace{\textcircled{b} \times \boxed{-\sin\theta}}_{\text{相乘}}}_{\text{相加}}$$

$$b' = a\sin\theta + b\cos\theta = \underbrace{\underbrace{\textcircled{a} \times \boxed{\sin\theta}}_{\text{相乘}} + \underbrace{\textcircled{b} \times \boxed{\cos\theta}}_{\text{相乘}}}_{\text{相加}}$$

蒂蒂：「乘、乘、加。乘、乘、加。真的耶！」

米爾迦：「把 $\boxed{}$ 的部分列出來，即是矩陣。」

$$\begin{pmatrix} \boxed{\cos\theta} & \boxed{-\sin\theta} \\ \boxed{\sin\theta} & \boxed{\cos\theta} \end{pmatrix}$$

矩陣

蒂蒂：「什麼？」

米爾迦：「而○其實只有 ⓐ 和 ⓑ 兩種，排成直行……就是向量。」

$$\begin{pmatrix} ⓐ \\ ⓑ \end{pmatrix}$$

向量

蒂蒂:「嗯?」

米爾迦:「把這兩個排在一起,稱為**矩陣與向量的積**。」

$$\begin{pmatrix} \boxed{\cos \theta} & \boxed{-\sin \theta} \\ \boxed{\sin \theta} & \boxed{\cos \theta} \end{pmatrix} \begin{pmatrix} ⓐ \\ ⓑ \end{pmatrix}$$

矩陣與向量的積

蒂蒂:「積……」

米爾迦:「『矩陣與向量的積』是利用『乘、乘、加』所定義的,如下式。」

$$\begin{pmatrix} \boxed{\cos \theta} & \boxed{-\sin \theta} \\ \boxed{\sin \theta} & \boxed{\cos \theta} \end{pmatrix} \begin{pmatrix} ⓐ \\ ⓑ \end{pmatrix} = \begin{pmatrix} ⓐ \times \boxed{\cos \theta} + ⓑ \times \boxed{-\sin \theta} \\ ⓐ \times \boxed{\sin \theta} + ⓑ \times \boxed{\cos \theta} \end{pmatrix}$$

以「矩陣與向量的積」定義

蒂蒂：「請等一下，妳講太快了，我要花一點時間思考是哪個
　　　和哪個相乘⋯⋯」

米爾迦：「沒問題。」

　　蒂蒂一邊看算式，一邊抄筆記，重複練習好幾次同樣的算
式。

蒂蒂：「這個矩陣的計算⋯⋯是要算這兩個式子嗎？」

$$\begin{pmatrix} \boxed{\cos\theta} & \boxed{-\sin\theta} \\ \cdot & \cdot \end{pmatrix} \begin{pmatrix} \textcircled{a} \\ \textcircled{b} \end{pmatrix} = \begin{pmatrix} \textcircled{a} \times \boxed{\cos\theta} + \textcircled{b} \times \boxed{-\sin\theta} \\ \cdot \end{pmatrix}$$

$$\begin{pmatrix} \cdot & \cdot \\ \boxed{\sin\theta} & \boxed{\cos\theta} \end{pmatrix} \begin{pmatrix} \textcircled{a} \\ \textcircled{b} \end{pmatrix} = \begin{pmatrix} \cdot \\ \textcircled{a} \times \boxed{\sin\theta} + \textcircled{b} \times \boxed{\cos\theta} \end{pmatrix}$$

米爾迦：「沒錯，這個計算過程稱為矩陣與向量的積。」

蒂蒂：「矩陣與向量的積？」

米爾迦：「亦即，『旋轉公式』可以用『矩陣與向量的積』來
　　　　表示。」

$$\underset{\text{旋轉後的點}}{\underbrace{\begin{pmatrix} a' \\ b' \end{pmatrix}}_{\text{向量}}} = \underset{\text{旋轉矩陣}}{\underbrace{\begin{pmatrix} \cos\theta & -\sin\theta \\ \sin\theta & \cos\theta \end{pmatrix}}_{\text{矩陣}}} \underset{\text{旋轉前的點}}{\underbrace{\begin{pmatrix} a \\ b \end{pmatrix}}_{\text{向量}}}$$

蒂蒂：「積是指相乘吧？……米爾迦學姊，我不明白！」

米爾迦：「哪裡不明白？」

蒂蒂：「不好意思……」

米爾迦：「沒有必要道歉，妳哪裡不明白呢？」

蒂蒂：「嗯……我想想……我知道這個東西叫作矩陣，因為這
　　　　是『由數字排列出來』的『隊伍』，所以才會有這個名稱
　　　　吧？」

$$\begin{pmatrix} \cos\theta & -\sin\theta \\ \sin\theta & \cos\theta \end{pmatrix}$$

米爾迦：「沒錯，所以呢？」

蒂蒂：「我也知道這個東西叫作向量。是點座標 (a, b) 的 a 與
　　　　b，縱向排列……然後再取名為向量吧？」

$$\begin{pmatrix} a \\ b \end{pmatrix}$$

米爾迦：「沒錯，縱向的向量又稱為行向量。」

蒂蒂：「目前為止教的，矩陣是什麼、向量是什麼，我都明白，
　　　　矩陣與向量只是約定俗成的『名稱』……不過，這兩個東
　　　　西排在一起的算式——」

$$\begin{pmatrix} \cos\theta & -\sin\theta \\ \sin\theta & \cos\theta \end{pmatrix} \begin{pmatrix} a \\ b \end{pmatrix}$$

蒂蒂:「妳把矩陣和向量排在一起的算式,擺在我的眼前……告訴我,這就是『矩陣和向量的積』,但我無法理解,為什麼這是乘法!」

我:「米爾迦啊,還是從矩陣的基本運算開始介紹比較好吧。」

米爾迦:「不,蒂蒂一定可以理解,隨便翻翻書本,矩陣的基本知識要多少有多少,但是蒂蒂現在想理解的東西,不是那種知識。蒂蒂現在會感到混亂,不是因為知識不足。」

蒂蒂:「……」

米爾迦:「蒂蒂,把妳覺得混亂的地方再說一遍吧。」

　　米爾迦伸出手指,指向蒂蒂。

蒂蒂:「好……米爾迦學姊說──旋轉公式可以用『矩陣與向量的積』表示成下式。」

$$\begin{cases} a' = a\cos\theta - b\sin\theta \\ b' = a\sin\theta + b\cos\theta \end{cases}$$

旋轉公式

$$\begin{pmatrix} a' \\ b' \end{pmatrix} = \begin{pmatrix} \cos\theta & -\sin\theta \\ \sin\theta & \cos\theta \end{pmatrix} \begin{pmatrix} a \\ b \end{pmatrix}$$

以「矩陣與向量的積」表示旋轉公式

米爾迦：「然後呢？」

蒂蒂：「我聽到學姊這麼說，馬上想問『為什麼』。這大概是因為，我不曉得『矩陣與向量的積』從什麼地方冒出來，彷彿憑空蹦出一條算式。」

米爾迦：「嗯。」

蒂蒂：「積是相乘的結果，我的疑問在於，為什麼這個算式代表矩陣和向量相乘呢？還有……為什麼乘、乘、加的計算過程，是另一種相乘呢？而且……我沒辦法自己解決這些疑問。」

蒂蒂來回看著我和米爾迦，繼續說。

蒂蒂：「我沒辦法自己回答『為什麼』，因為我不曉得矩陣和向量為什麼會有乘積！於是，我想大聲說我不明白！我不明白！我不知道！數學果然很難！……最後產生了消極的想法。」

我：「蒂蒂……」

蒂蒂：「仔細想想，我常常陷入這種思考模式。上課的時候，如果碰到我完全不明白的東西，就很想提問……但又因為『不明白』而焦躁，不敢發問。這種情況常常發生。」

米爾迦：「是嗎？」

蒂蒂:「是的,這種情況真的很常發生。我常覺得『自己什麼
都不懂』,沒有自信,因為我沒辦法回答自己腦中浮現的
疑問!一旦陷入這個迴圈,連老師在講什麼都聽不進
去。」

米爾迦:「現在呢?」

蒂蒂:「嗯?」

米爾迦:「現在,妳聽得進去我說的話嗎?」

蒂蒂:「咦?啊……是的,沒問題,聽得進去。」

米爾迦:「好。先把焦點放回這個公式。」

$$\begin{pmatrix} \boxed{\cos\theta} & \boxed{-\sin\theta} \\ \boxed{\sin\theta} & \boxed{\cos\theta} \end{pmatrix} \begin{pmatrix} \boxed{a} \\ \boxed{b} \end{pmatrix} = \begin{pmatrix} \boxed{a} \times \boxed{\cos\theta} + \boxed{b} \times \boxed{-\sin\theta} \\ \boxed{a} \times \boxed{\sin\theta} + \boxed{b} \times \boxed{\cos\theta} \end{pmatrix}$$

以「矩陣與向量的積」表示旋轉公式

蒂蒂:「好……抱歉,我講了一堆有的沒的。」

米爾迦:「沒必要道歉。這個算式是『矩陣與向量的積』的定
義。正確來說,這不是一般的矩陣,而是『旋轉矩陣與向
量的積』,是種『定義』。這是規定,不需要解釋它的意
義,因此妳不用感到焦躁。」

蒂蒂:「好……但是……」

米爾迦：「蒂蒂可以接受『矩陣』和『向量』是『約定俗成的名稱』，應該也能用同樣的方式，接受『矩陣與向量的積』，把它當作『約定俗成的演算方式』。」

蒂蒂：「啊！」

米爾迦：「蒂蒂似乎把不同元素的乘積演算方式（乘、乘、加），與矩陣與向量的乘積演算方式搞混了，妳可能需要時間去適應。同樣的字──積，在不同狀況下，可能代表不同的意思。」

蒂蒂：「同樣的字，意思卻不一樣……這樣沒關係嗎！」

米爾迦：「沒關係。計算元素所用的『積』，與計算矩陣向量所用的『積』，代表不同的演算方式。」

蒂蒂：「我有點混亂……」

米爾迦：「由此可知，定義是很重要的。當然，矩陣和向量的積不是隨便定義的，是因為這個定義有優點，才會這麼定義。」

蒂蒂：「是誰呢？」

米爾迦：「誰？」

蒂蒂：「是哪一位學者把矩陣和向量的積，定義成這樣呢？」

米爾迦：「凱萊。數學家凱萊為矩陣與向量的積，訂定如此的定義，大約在十九世紀吧……」

我：「是凱萊‧哈密頓嗎？」

米爾迦：「沒錯。」

蒂蒂：「凱萊先生這麼定義，有他的理由吧？」

米爾迦：「沒錯。他的論文研究聯立方程式，利用矩陣運算相當方便，因此他這麼定義矩陣。」

蒂蒂：「稱為定義——表示矩陣和向量的乘積公式，『要背起來』嗎？」

米爾迦：「是啊，蒂蒂。所謂的定義，不是由算式導出來的，而且這個算式的形式（內積）常用於向量的計算，背下來比較好。」

蒂蒂：「我明白了，目前為止我都能接受。」

　　我不知不覺被蒂蒂與米爾迦的對話所吸引，靜靜聆聽。蒂蒂說她「不懂」，而米爾迦為她解答。看起來就像，向量乘積為她們牽線，使兩人交換重要的寶物，不，應該是——分享重要的寶物。

蒂蒂：「不過，米爾迦學姊剛才提到的矩陣算式，對我來說還是有點複雜，不好意思……我還是不懂矩陣……」

米爾迦：「這樣啊……我不應該一味強調矩陣很簡單，而不說明。接下來，我從另一個角度說明吧，利用矩陣，從新的觀點切入。」

蒂蒂：「嗯？……新的觀點是什麼？」

米爾迦：「例如，利用矩陣明確表示『旋轉』。」

蒂蒂：「咦？」

5.10　新的觀點

米爾迦：「『旋轉公式』的 $\cos\theta$ 和 $\sin\theta$ 混雜於各符號之間。」

$$\begin{cases} a' = a\cos\theta - b\sin\theta \\ b' = a\sin\theta + b\cos\theta \end{cases}$$

旋轉公式

我：「是啊。」

米爾迦：「反之，『以矩陣表示的旋轉公式』，代表旋轉的 $\cos\theta$ 和 $\sin\theta$，都在矩陣內，能輕易看出公式的意義。」

$$\begin{pmatrix} a' \\ b' \end{pmatrix} = \begin{pmatrix} \cos\theta & -\sin\theta \\ \sin\theta & \cos\theta \end{pmatrix} \begin{pmatrix} a \\ b \end{pmatrix}$$

以矩陣和向量的積所表示的旋轉公式

蒂蒂:「啊⋯⋯的確是這樣。」

米爾迦:「『以矩陣表示的旋轉公式』，將與旋轉有關的項，
都整理在旋轉矩陣內。若將表示點座標的向量，投入這個
旋轉矩陣求積，便能得到旋轉後的點。就像將點丟入旋轉
矩陣機器，生產出旋轉後的點。」

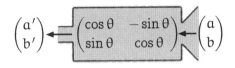

將點丟入旋轉矩陣，生產出旋轉後的點

蒂蒂:「這個圖好有趣。」

我:「函數的說明常用到類似的圖。」

米爾迦:「利用旋轉矩陣，即能將『旋轉』明確表示於算式，
此即『新的觀點』。若使用其他矩陣，則會表示不同於旋
轉的『改變』。由此可知，矩陣是表示算式意義的好工
具。」

蒂蒂:「有點複雜耶⋯⋯」

米爾迦:「這個部分妳自己慢慢思考吧。」

蒂蒂:「我知道了⋯⋯不過，『乘、乘、加』這個模式真是不
可思議。」

米爾迦:「我出個題吧。假設旋轉中心是原點，旋轉角度是 α，
則點 $(1, 0)$ 旋轉後會移動到哪裡？」

蒂蒂:「嗯⋯⋯這個我會,是點 (cos α, sin α),因為 x 座標是 cos,y 座標是 sin。」

米爾迦:「很好,再來一題。假設旋轉中心是原點,則旋轉角度 β 的旋轉矩陣,與點 (cos α, sin α) 的積是多少?」

蒂蒂:「利用『矩陣與向量的積』定義⋯⋯是這樣嗎?」

$$\begin{pmatrix} \cos \beta & -\sin \beta \\ \sin \beta & \cos \beta \end{pmatrix} \begin{pmatrix} \cos \alpha \\ \sin \alpha \end{pmatrix} = \begin{pmatrix} \cos \alpha \cos \beta - \sin \alpha \sin \beta \\ \cos \alpha \sin \beta + \sin \alpha \cos \beta \end{pmatrix}$$

米爾迦:「蒂蒂,旋轉後,點的 y 座標是什麼呢?」

蒂蒂:「嗯,是這個⋯⋯有點複雜。」

$$\cos \alpha \sin \beta + \sin \alpha \cos \beta$$

米爾迦:「只有這樣嗎?」

蒂蒂:「咦?」

米爾迦:「交換前後順序。」

$$\sin \alpha \cos \beta + \cos \alpha \sin \beta$$

蒂蒂:「是『sin · cos、cos · sin』!和角公式?」

米爾迦:「沒錯,和角公式藏著『乘積的和』。」

$$\sin(\alpha + \beta) = \underbrace{\sin \alpha \cos \beta}_{相乘} + \underbrace{\cos \alpha \sin \beta}_{相乘}$$
$$\underbrace{}_{相加}$$

我：「這麼說也對，『乘、乘、加』……」

米爾迦：「所以，我們可以把 cos 的和角公式，以及 sin 的和角
　　公式整理成……」

cos 的和角公式與 sin 的和角公式

$$\begin{cases} \cos(\alpha+\beta) = \cos\alpha\cos\beta - \sin\alpha\sin\beta \\ \sin(\alpha+\beta) = \sin\alpha\cos\beta + \cos\alpha\sin\beta \end{cases}$$

$$\begin{pmatrix} \cos(\alpha+\beta) \\ \sin(\alpha+\beta) \end{pmatrix} = \begin{pmatrix} \cos\beta & -\sin\beta \\ \sin\beta & \cos\beta \end{pmatrix} \begin{pmatrix} \cos\alpha \\ \sin\alpha \end{pmatrix}$$

蒂蒂：「咦？這又是……為什麼呢？」

瑞谷老師：「放學時間到。」

　　瑞谷老師的一句話，使我們的數學對話告一段落。
　　從現在開始，是我們各自的思考時間。

　　　　　　「看見表面的形狀，即代表『看見結果』嗎？」

第 5 章的問題

●問題 5-1（和角公式）

設 $\alpha = 30°$，$\beta = 60°$，請計算以下和角公式的各項數值，驗證等號是否成立。

$$\sin(\alpha + \beta) = \sin \alpha \cos \beta + \cos \alpha \sin \beta$$

（答案在第 300 頁）

●問題 5-2（和角公式）

請求 $\sin 75°$ 的數值。

（答案在第 302 頁）

●問題 5-3（和角公式）

請用 $\sin \theta$ 和 $\cos \theta$ 來表示 $\sin 4\theta$。

（答案在第 303 頁）

尾聲

　　某日，某時，於數學資料室。

少女：「哇，這裡有好多東西！」

老師：「是啊。」

少女：「老師，這是什麼？」

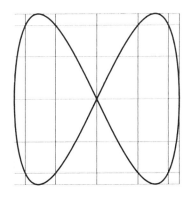

老師：「妳覺得看起來像什麼呢？」

少女：「利薩如圖形？」

老師：「對，有人說這看來像某個東西的側面圖。」

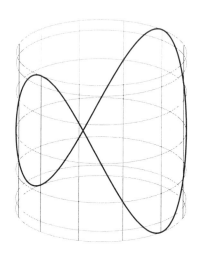

少女：「某個東西？是纏繞圓柱的線嗎？」

老師：「是啊，看起來像把 sin 函數，纏繞在圓柱上，亦像一個扭曲的圓。」

少女：「老師，這是什麼？是圓嗎？」

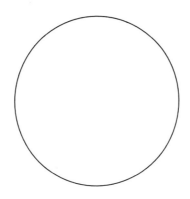

老師：「其實這不是圓。」

少女：「但是看起來很像圓。」

老師：「這其實是正九十六邊形。」

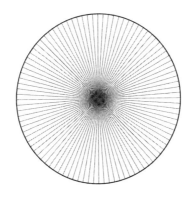

少女：「正九十六邊形！幾近於圓呢！」

老師：「阿基米德所求的圓周率近似值，就是 3.14。」

少女：「用這個圖算的嗎？」

老師：「沒錯。」

少女：「老師，這是什麼呢？」

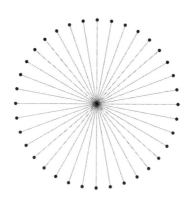

老師：「妳覺得看起來像什麼？」

少女：「正三十六邊形……」

老師：「如果用線段把相鄰的點連接起來，就是正三十六邊形呢。」

少女：「是啊。」

老師：「假設這些點是(x, y)，而且 r = 1, θ = 10°, n = 0, 1, 2 ……35，可以寫出以下式子。」

$$\begin{cases} x = r\cos(n\theta) \\ y = r\sin(n\theta) \end{cases}$$

少女：「因為只有三十六個點，所以只有 $0, 1, 2 \cdots\cdots 35$ 嗎？」

老師：「對，其實 n 可以是任意整數，即使代入無數個點，也會有許多點重疊，毫不重疊的點只有三十六個。」

少女：「嗯。」

老師：「妳可以這麼想——利用旋轉矩陣，以原點為中心，旋轉點 $(1, 0)$，旋轉矩陣乘以 n 次方，能得到同樣的圖形。」

$$\begin{pmatrix} x \\ y \end{pmatrix} = r^n \begin{pmatrix} \cos\theta & -\sin\theta \\ \sin\theta & \cos\theta \end{pmatrix}^n \begin{pmatrix} 1 \\ 0 \end{pmatrix}$$

少女：「老師，等號右邊算式的 r^n 是什麼？」

老師：「加上 r^n，是為了讓函數能飛向遙遠的彼端。」

少女：「遙遠？」

老師：「如果 $r = 1$，函數會繞著圓打轉，如果 $r > 1$，則會變成……」

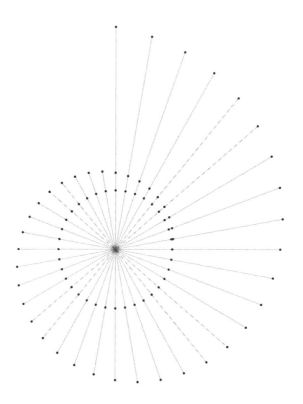

少女：「喔！是螺旋！」

老師：「是啊，如果 $n \to \infty$，便能到達無限遙遠的彼端，使螺旋永無止盡地轉下去。」

少女：「無限遙遠的彼端？在紙上畫不出那麼遠的點啦！」

老師：「所以需要數學式啊，不用真的在紙上畫出來，而是畫在心中。」

少女：「老師好像很喜歡數學式呢。」

少女一邊說，一邊笑了出來。

【解答】

A　N　S　W　E　R　S

第 1 章的解答

●問題 1-1（求 sin θ）

請求 sin 45°的值。

■解答 1-1

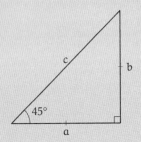

如上圖，假設某直角三角形的一角為 45°，並計算 $\frac{b}{c}$。由於三角形的內角和為 180°，所以另一角應為 180°−90°−45° = 45°。兩底角相等，所以可知，直角三角形為 $a = b$ 的等腰三角形（等腰直角三角形）。由畢氏定理可知，此三角形的三邊有以下關係：

$$a^2 + b^2 = c^2$$

由於 $a = b$，所以：

$$b^2 + b^2 = c^2$$

以下等式成立：

$$2b^2 = c^2$$

由於 b > 0，c > 0，所以將等號兩邊皆除以 $2c^2$ ，開平方，可得
下式：

$$\frac{b}{c} = \frac{1}{\sqrt{2}}$$

將等號右邊的分母與分子，同乘 $\sqrt{2}$ ，可得下式：

$$\frac{b}{c} = \frac{\sqrt{2}}{2}$$

於是，成功求出 $\sin 45° = \dfrac{\sqrt{2}}{2}$

答　$\sin 45° = \dfrac{\sqrt{2}}{2}$

注意：$\sin 45° = \dfrac{1}{\sqrt{2}}$ 也是正確答案。但若是要利用 $\sqrt{2} =$
1.41421356……親手算出答案，計算 $\dfrac{\sqrt{2}}{2}$ 會比計算 $\dfrac{1}{\sqrt{2}}$ 簡單。
將 $\dfrac{1}{\sqrt{2}}$ 轉換成 $\dfrac{\sqrt{2}}{2}$ 的步驟，稱作「分母有理化」。

●問題 1-2（由 sin θ 求出 θ）

假設 $0° \leq \theta \leq 360°$，且 $\sin \theta = \dfrac{1}{2}$，請求 θ 值。

■解答 1-2

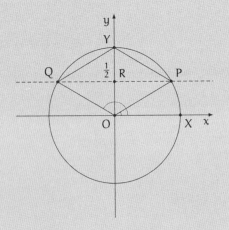

如上圖，設點 $(1, 0)$ 為點 X，點 $(0, 1)$ 為點 Y。假設以原點為中心的單位圓，與直線 $y = \dfrac{1}{2}$，相交於 P、Q 兩點。此時，角 XOP 與角 XOQ 即為所求的角度（設角 XOP ＜角 XOQ）。

設點 $(0, \dfrac{1}{2})$ 為點 R，則三角形 PRY 與三角形 PRO 為全等三角形，因為共用邊 PR，且 $RY = RO = \dfrac{1}{2}$，角 PRY ＝角 PRO ＝直角。

　　由於三角形 PRY 與三角形 PRO 為全等三角形，所以 YP = OP 的等式成立。另一方面，因為 OP 與 OY 都是單位圓的半徑，所以 OP = OY 的等式成立，即 YP = OP = OY。也就是說，三角形 POY 為正三角形。

　　因為三角形 POY 為正三角形，所以角 POY 為 60°，角 XOP 為 90° − 60° = 30°。

　　同樣，三角形 YOQ 亦為正三角形，所以角 XOQ 為 90° + 60° = 150°。

　　因此，所求的角 θ 為 30°或 150°。

答　θ 為 30°或 150°

●問題 1-3（求出 cos θ）

請求 cos 0°的值。

■解答 1-3

　　設以原點為中心的單位圓上，有一動點 P，當點 P 位於點 $(1, 0)$，點 P 的 x 座標為 cos 0°。因此，cos 0° = 1。

答　cos 0° = 1

●問題 1-4（由 cos θ 求 θ）

假設 $0° \leq θ \leq 360°$，且 $\cos θ = \dfrac{1}{2}$，請求 θ 值。

■解答 1-4

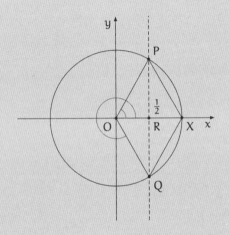

如上圖，設點 $(1, 0)$ 為點 X，假設以原點為中心的單位圓，與直線 $x = \dfrac{1}{2}$，相交於 P, Q 兩點。此時，角 XOP 與角 XOQ 為所求的角度（設角 XOP < 角 XOQ）。

設點 $(\dfrac{1}{2}, 0)$ 為點 R，則三角形 PRX 與三角形 PRO 為全等三角形，因為共用邊 PR，且 $RX = RO = \dfrac{1}{2}$，角 PRX = 角 PRO = 直角。

　　由於三角形 PRX 與三角形 PRO 為全等三角形，所以 XP = OP 的等式成立。另一方面，因為 OP 與 OX 都是單位圓的半徑，所以 OP = OX 的等式成立，即 XP = OP = OX。也就是說，三角形 POX 為正三角形。

　　因為三角形 POX 為正三角形，所以角 XOP 為 60°。

　　同樣，三角形 XOQ 亦為正三角形，所以角 XOQ 為 360° − 60° = 300°。

　　因此，所求的角 θ 為 60° 或 300°。

答　θ 為 60° 或 300°

●問題 1-5（x = cos θ 的圖形）

假設 0° ≤ θ ≤ 360°，請畫 x = cos θ 的圖形，橫軸請設為 θ，縱軸請設為 x。

■解答 1-4

　　x = cos θ 的圖形如下頁所示。

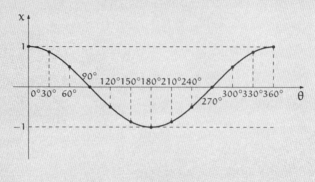

x = cos θ 的圖形

參考：請和下面的 y = sin θ 圖形比較。

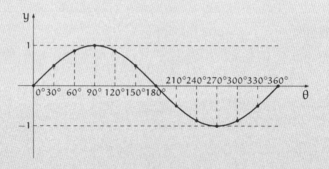

y = sin θ 的圖形

　　x = cos θ 的圖形、y = sin θ 的圖形，以及單位圓，三者的關係如右頁所示。請將單位圓上的點 x 座標看作 cos θ，而 y 座標則看作 sin θ。

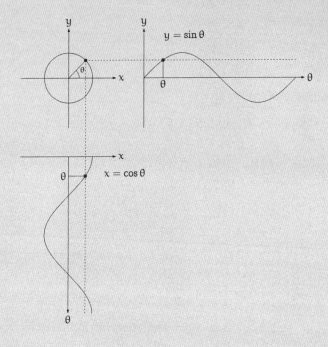

$x = \cos \theta$ 與 $y = \sin \theta$ 的圖形

第 2 章的解答

●問題 2-1（cos 和 sin）

請判斷 $\cos\theta$ 和 $\sin\theta$ 是大於 0，或小於 0。

- 若大於 0（正數），則填入「＋」
- 若等於 0，則填入「0」
- 若小於 0（負數），則填入「－」

將答案填入以下空格。

θ	0°	30°	60°	90°	120°	150°
$\cos\theta$	＋					
$\sin\theta$	0					

θ	180°	210°	240°	270°	300°	330°
$\cos\theta$	－					
$\sin\theta$	0					

■解答 2-1（cos 和 sin）

如下表。

θ	0°	30°	60°	90°	120°	150°
cos θ	+	+	+	0	−	−
sin θ	0	+	+	+	+	+

θ	180°	210°	240°	270°	300°	330°
cos θ	−	−	−	0	+	+
sin θ	0	−	−	−	−	−

想像有一個動點，在單位圓的圓周上移動：

- 判斷動點的 x 座標（$\cos \theta$）在 y 軸的左邊或右邊
- 判斷動點的 y 座標（$\sin \theta$）在 x 軸的左邊或右邊

這樣想，較簡單吧！

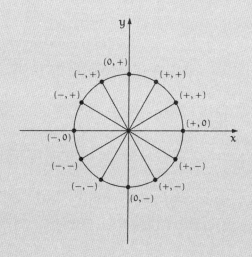

或者，畫出 $x = \cos \theta$ 與 $y = \sin \theta$ 的圖形，看看每個角度分別位於 θ 軸的哪一側，如下頁圖。

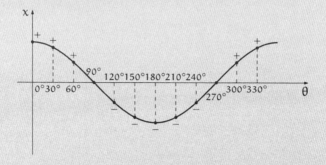

x = cos θ 的圖形

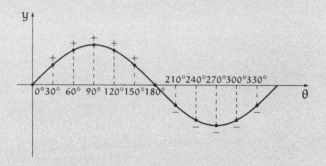

y = sin θ 的圖形

●問題 2-2（利薩如圖形）

假設 $0° \leq \theta < 360°$，則下列點 (x, y) 的軌跡，是什麼圖形？

(1) 點 $(x, y) = (\cos (\theta + 30°), \sin (\theta + 30°))$

(2) 點 $(x, y) = (\cos \theta, \sin (\theta - 30°))$

(3) 點 $(x, y) = (\cos (\theta + 30°), \sin \theta)$

請利用第 104 頁的利薩如圖形用紙，實際畫在紙上。

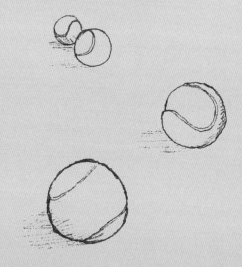

■解答 2-2 (利薩如圖形)

(1) 點可以畫成以下圖形。這個圖形與點 $(x, y) = (\cos \theta, \sin \theta)$ 的
圖形完全一樣。

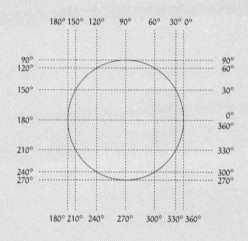

(1) 點 $(x, y) = (\cos (\theta + 30°), \sin (\theta + 30°))$ 的圖形

(2) 點可畫成以下圖形。

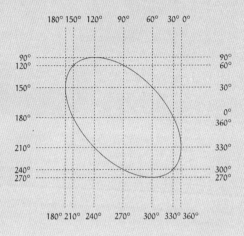

(2) 點 (x, y) = (cos θ, sin (θ − 30°)) 的圖形

(3) 點可畫成以下圖形，這個圖形與 (2) 的圖形完全一樣。

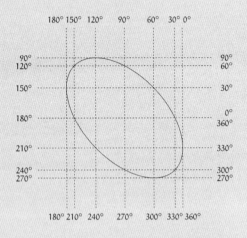

(3) 點 $(x, y) = (\cos (\theta + 30°), \sin \theta)$ 的圖形

第 3 章的解答

●問題 3-1（點的旋轉）

- 假設旋轉中心是 (0, 0)
- 假設旋轉角度是 θ
- 假設旋轉前的點是 (1, 0)

在這些前提下，請求旋轉後的點 (x, y)。

■解答 3-1

依照蒂蒂問題 1 解答（參考第 144 頁）的步驟，即能得到答案。

答　$(x, y) = (\cos θ, \sin θ)$

●問題 3-2（點的旋轉）

- 假設旋轉中心是 $(0, 0)$
- 假設旋轉角度是 θ
- 假設旋轉前的點是 $(0, 1)$

在這些前提下，請求旋轉後的點 (x, y)。

■解答 3-2

依照蒂蒂問題 2 解答（參考第 149 頁）的步驟，即能得到答案。

答　$(x, y) = (-\sin \theta, \cos \theta)$

●問題 3-3（點的旋轉）

- 假設旋轉中心是 $(0, 0)$
- 假設旋轉角度是 θ
- 假設旋轉前的點是 $(1, 1)$

在這些前提下，請求旋轉後的點 (x, y)。

■解答 3-3

將問題 3-1 與問題 3-2 的結果加總，即可得到答案。

$$(x, y) = (\cos\theta, \sin\theta) + (-\sin\theta, \cos\theta)$$
$$= (\cos\theta - \sin\theta, \sin\theta + \cos\theta)$$

<u>答</u>　$(x, y) = (\cos\theta - \sin\theta, \sin\theta + \cos\theta)$

●問題 3-4（點的旋轉）

- 假設旋轉中心是 $(0, 0)$
- 假設旋轉角度是 θ
- 假設旋轉前的點是 (a, b)

在這些前提下，請求旋轉後的點 (x, y)。

■解答 3-4

此題解答與「我們的問題」（第 155 頁）相同。

<u>答</u>　$(x, y) = (a\cos\theta - b\sin\theta, a\sin\theta + b\cos\theta)$

第 4 章的解答

●問題 4-1（測量圓周率）

怎麼用卷尺測量圓周率的概略值呢？首先，找一個圓形物體，用卷尺量周長。接著，用卷尺量直徑。假設圓的周長是 ℓ，直徑是 a，則該如何求圓周率的概略值呢？

■解答 4-1

$$直徑 \times 圓周率 = 圓周長$$

因此，若我們量出圓的周長 ℓ 與直徑 a，即可用以下公式求圓周率的概略值。

$$\frac{\ell}{a} (\ell \div a)$$

答 $\dfrac{\ell}{a} (\ell \div a)$

●問題 4-2（秤秤看圓周率）

怎麼用廚房電子秤（用來調整食材用量的秤）算圓周率的概略值呢？首先，在方格紙上，畫出半徑 a 的圓，剪下來，並秤重量。再來，在同樣的方格紙上，畫邊長 a 的正方形，把它剪下來，並秤重量。假設圓的重量是 x 公克，正方形的重量是 y 公克，則該如何求圓周率的概略值呢？

■解答 4-2

圖形的重量會與面積成正比，解題需利用這一點。由於：

$$\frac{圓面積}{正方形面積} = \frac{\pi a^2}{a^2} = \pi$$

所以將圓的重量除以正方形的重量，即可得到圓周率的概略值。

$$\frac{x}{y}(x \div y)$$

$$答 \quad \frac{x}{y}(x \div y)$$

第 5 章的解答

●問題 5-1（和角公式）

若 α = 30°, β = 60°，請計算以下和角公式的各項數值，驗證等號是否成立。

$$\sin(\alpha + \beta) = \sin \alpha \cos \beta + \cos \alpha \sin \beta$$

■解答 5-1

幾個 sin 與 cos 的實際數值，如下所示：

$$\sin(30° + 60°) = \sin 90°$$

$$= 1$$

$$\sin 30° = \frac{1}{2} \quad \text{參考第 49 頁}$$

$$\sin 60° = \frac{\sqrt{3}}{2} \quad \text{參考第 49 頁}$$

$$\cos 30° = \frac{\sqrt{3}}{2} \quad \text{參考第 49 頁}$$

$$\cos 60° = \frac{1}{2} \quad \text{參考第 49 頁}$$

和角公式的等號兩邊，可分別計算，得到下頁的結果。

左邊 $= \sin (\alpha + \beta)$

　　$= \sin (30° + 60°)$ 　　　　　　　　因為 $\alpha = 30°$, $\beta = 60°$

　　$= \sin (90°)$ 　　　　　　　　　　計算得知

　　$= 1$

右邊 $= \sin \alpha \cos \beta + \cos \alpha \sin \beta$

　　$= \sin 30° \cos 60° + \cos 30° \sin 60°$ 　　因為 $\alpha = 30°$, $\beta = 60°$

　　$= \dfrac{1}{2} \cdot \dfrac{1}{2} + \dfrac{\sqrt{3}}{2} \cdot \dfrac{\sqrt{3}}{2}$

　　$= \dfrac{1}{4} + \dfrac{3}{4}$

　　$= 1$

由於等號左邊和右邊都等於 1，所以下列公式會成立。

$$\sin (\alpha + \beta) = \sin \alpha \cos \beta + \cos \alpha \sin \beta$$

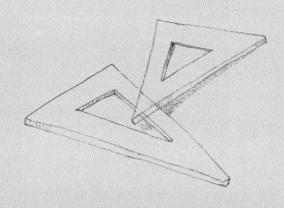

●問題 5-2（和角公式）

請求出 sin 75°的數值。

■解答 5-2

因為 $75° = 45° + 30°$，所以我們可利用和角公式計算答案。

計算需用到以下數值：

$$\sin 45° = \frac{\sqrt{2}}{2} \quad \text{參考第 49 頁}$$

$$\sin 30° = \frac{1}{2} \quad \text{參考第 49 頁}$$

$$\cos 45° = \frac{\sqrt{2}}{2} \quad \text{參考第 49 頁}$$

$$\cos 30° = \frac{\sqrt{3}}{2} \quad \text{參考第 49 頁}$$

$$\sin 75° = \sin(45° + 30°)$$
$$= \sin 45° \cos 30° + \cos 45° \sin 30°$$
$$= \frac{\sqrt{2}}{2} \cdot \frac{\sqrt{3}}{2} + \frac{\sqrt{2}}{2} \cdot \frac{1}{2}$$
$$= \frac{\sqrt{2}\sqrt{3}}{4} + \frac{\sqrt{2}}{4}$$
$$= \frac{\sqrt{6} + \sqrt{2}}{4}$$

答　$\sin 75° = \dfrac{\sqrt{6} + \sqrt{2}}{4}$

●問題 5-3（和角公式）

請用 $\sin\theta$ 和 $\cos\theta$ 來表示 $\sin 4\theta$。

■解答 5-3

這題需用三角函數的和角公式（第 271 頁）。先將 $\sin 2\theta$ 與 $\cos 2\theta$，分別以 $\cos\theta$ 和 $\sin\theta$ 來表示，接著，再進一步表示 $\sin 4\theta$。

$$\sin 2\theta = \sin\theta\cos\theta + \cos\theta\sin\theta \quad \text{利用和角公式，假設 } \alpha = \theta, \beta = \theta$$
$$= \sin\theta\cos\theta + \sin\theta\cos\theta \quad \text{改變乘積的順序}$$
$$= 2\sin\theta\cos\theta$$

$$\cos 2\theta = \cos\theta\cos\theta - \sin\theta\sin\theta \quad \text{利用和角公式，假設 } \alpha = \theta, \beta = \theta$$
$$= \cos^2\theta - \sin^2\theta$$

至此，我們即可求得倍角公式：

$$\begin{cases} \sin 2\theta = 2 \sin \theta \cos \theta \\ \cos 2\theta = \cos^2 \theta - \sin^2 \theta \end{cases}$$

接著求 $\sin 4\theta$。

$\sin 4\theta = 2 \sin 2\theta \cos 2\theta$	因為 $4\theta = 2(2\theta)$，
	所以可用倍角公式
$= 2(2 \sin \theta \cos \theta)(\cos^2 \theta - \sin^2 \theta)$	再用一次倍角公式
$= 4 \sin \theta \cos \theta (\cos^2 \theta - \sin^2 \theta)$	展開第一個括弧

答　$\sin 4\theta = 4 \sin \theta \cos \theta (\cos^2 \theta - \sin^2 \theta)$

亦可展開為：$\sin 4\theta = 4 \sin \theta \cos^3 \theta - 4 \cos \theta \sin^3 \theta$

補充：此外，利用等式 $\cos^2 \theta + \sin^2 \theta = 1$，可將 cos 的倍角公式寫成以下多種形式。

---

cos 的倍角公式

$$\cos 2\theta = \begin{cases} \cos^2 \theta - \sin^2 \theta \\ 1 - 2 \sin^2 \theta \\ 2 \cos^2 \theta - 1 \end{cases}$$

由這個公式可知，$\sin 4\theta$ 可寫成下頁多種形式，每一種形式皆正確。

$$\sin 4\theta = \begin{cases} 4\sin\theta\cos\theta(\cos^2\theta - \sin^2\theta) & = 4\sin\theta\cos^3\theta - 4\cos\theta\sin^3\theta \\ 4\sin\theta\cos\theta(1 - 2\sin^2\theta) & = 4\sin\theta\cos\theta - 8\cos\theta\sin^3\theta \\ 4\sin\theta\cos\theta(2\cos^2\theta - 1) & = 8\sin\theta\cos^3\theta - 4\cos\theta\sin\theta \end{cases}$$

獻給想要深入思考的你

除了本書的數學對話，為了「想要深入思考」的讀者，我特別準備了一些研究問題。本書不會寫出答案，且答案可能不只一個。

請試著獨自研究，或找其他有興趣的同伴，一起思考這些問題。

第 1 章　圓圓的三角形

●研究問題 1-X1（求 $\cos^2\theta + \sin^2\theta$）

數學常把 $(\cos\theta)^2$ 寫成 $\cos^2\theta$；$(\sin\theta)^2$ 寫成 $\sin^2\theta$。請求以下小題的值。

(a) $\cos^2 0° + \sin^2 0°$

(b) $\cos^2 30° + \sin^2 30°$

(c) $\cos^2 45° + \sin^2 45°$

(d) $\cos^2 60° + \sin^2 60°$

(e) $\cos^2 90° + \sin^2 90°$

接著，請藉由 $\cos\theta$ 與 $\sin\theta$ 的定義，證明以下等式成立。

$$\cos^2\theta + \sin^2\theta = 1$$

●研究問題 1-X2（負的角度）

我們來看看若 θ 為負，亦即 $\theta < 0°$，$\sin\theta$ 和 $\cos\theta$ 會是多少！舉例來說，$\sin(-30°)$ 或 $\cos(-90°)$ 的值，應該怎麼算呢？

●研究問題 1-X3（特別大的角度）

我們來看看若 θ 大於 360°，亦即 θ > 360°，sin θ 和 cos θ 會是多少！舉例來說，sin 390°或 cos 450°的值，應該怎麼算呢？

●研究問題 1-X4（cos 與 sin）

假設 0°≤ θ ≤ 360°，請求可讓以下等式成立的所有 θ 值。

$$\cos \theta = \sin \theta$$

若刪去 θ 值的限制，答案會是什麼呢？

第 2 章　來來回回的軌跡

●研究問題 2-X1（cos 與 sin）

若 α 與 β 為 0°, 30°, 60° …… 330°, 360° 中的任一角度，請求可使以下等式成立的所有 (α, β)。

$$\cos \alpha = \sin \beta$$

利用利薩如圖形用紙（第 104 頁）做做看吧。

●研究問題 2-X2（翻轉利薩如圖形）

請參考「點 $(x, y) = (\cos \theta, \sin (2\theta + \alpha))$ 所畫的圖形」（第 101 頁），以及「點 $(x, y) = (\cos 2\theta, \sin (3\theta + \alpha))$ 所畫的圖形」（第 102 頁），尋找有哪些圖形上下翻轉，會與另一個圖形完全重合。翻轉會重合的圖形，兩者的 α 值有什麼關係？而左右翻轉會重合的圖形，又是如何呢？

●研究問題 2-X3（利薩如圖形與反彈次數）

請參考「點 $(x, y) = (\cos \theta, \sin (2\theta + \alpha))$ 所畫的圖形」（第 101 頁），以及「點 $(x, y) = (\cos 2\theta, \sin (3\theta + \alpha))$ 所畫的圖形」（第 102 頁），算算看利薩如圖形上下、左右各反彈了幾次？反彈次數有沒有規則可循？

第 3 章　繞世界一圈

●研究問題 3-X1（實際角度）

第 3 章的例子，一直以 θ 為旋轉角度。假設 θ = 0°, 30°, 45°, 60°, 90°等實際的角度，請求旋轉後的點位置。

●研究問題 3-X2（移動點）

第 3 章的例子，思考的問題皆為「旋轉點 (a, b) 會變得如何？」但是除了旋轉，還有哪些移動點的方式呢？這些方式可以用算式來表現嗎？請研究看看。

●研究問題 3-X3（畫圓）

假設 r 是一個大於 0 的實數，原點 $(0, 0)$ 為旋轉中心，則若旋轉角度為 θ，x 軸上的點 $(r, 0)$ 會怎麼移動？此外，請導出以原點為中心，半徑為 r 的圓方程式：

$$x^2 + y^2 = r^2$$

●研究問題 3-X3（提問）

「我」向蒂蒂「提問」：

- 「想求什麼」
- 「已知哪些訊息」

聽起來都是而易見的問題，但是，為什麼這些顯而易見的提問，可以有效指出問題所在呢？請思考看看。

第 4 章　算算看圓周率

●研究問題 4-X1（計算圓周率）

在第 4 章（第 182 頁），「我」和由梨從半徑 50 的圓，估算出：

$$3.0544 < \pi < 3.1952$$

你也用半徑 50 的圓，求求看圓周率的近似值吧！而圓的半徑越大，所得的圓周率就會越接近 3.14……嗎？

●研究問題 4-X2（近似於圓的圖形）

我們計算近似於圓的圖形面積，並求圓周率概略值吧。
舉例來說，如下圖所示，將正方形切成 3 × 3 等分，構
成八邊形，所畫出來的圓周率大約是多少？

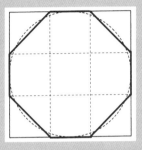

※埃及的萊茵德紙草書（Rhind Mathematical Papyrus）中，有類似的
　題目。

第 5 章　繞著圈子前進

●研究問題 5-X1（反向旋轉）

在第 5 章，我們利用 sin α, cos α, sin β, cos β 等四個數，表示 sin(α + β)。現在，請你用這四個數來表示 sin(α − β)。

●研究問題 5-X2（另一個和角公式）

在第 5 章，我們利用圓來求 sin 的和角公式。

$$\sin(\alpha + \beta) = \sin \alpha \cos \beta + \cos \alpha \sin \beta$$

請利用同樣的方式，求 cos 的和角公式，如下式。

$$\cos(\alpha + \beta) = \cos \alpha \cos \beta - \sin \alpha \sin \beta$$

●研究問題 5-X3（倍角公式的一般化）

問題 5-3 答案（第 303 頁）以 $\sin\theta$ 和 $\cos\theta$ 表示 $\sin 2\theta$ 與 $\sin 4\theta$。請用同樣的方式，以 $\sin\theta$ 和 $\cos\theta$ 表示 $\sin 3\theta$ 與 $\sin 5\theta$。

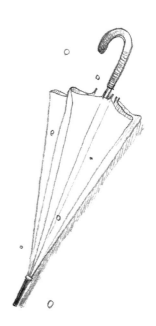

●研究問題 5-X4（倍角公式與利薩如圖形）
第 2 章的利薩如圖形中，有個圖形很像拋物線，如下所示。

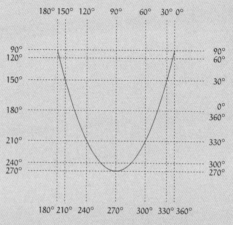

點 $(x, y) = (\cos \theta, \sin(2\theta + 90°))$ 的圖形

請利用以下兩式，判斷這個圖形是否為拋物線。

$$\sin(\alpha + 90°) = \cos \alpha \qquad \text{sin 與 cos 的關係}$$
$$\cos 2\beta = 2\cos^2 \beta - 1 \qquad \text{倍角公式}$$

後記

你好，我是結城浩。

感謝你閱讀《數學女孩秘密筆記：圓圓的三角函數篇》。不知你是否想過，「三角」函數為什麼會「圓圓的」呢？

本書由cakes網站所連載的《數學女孩秘密筆記》，第二十一回至第三十回，重新編輯而成。如果你讀完本書，想知道更多關於《數學女孩秘密筆記》的內容，請一定要上這個網站。

《數學女孩秘密筆記》系列，以平易近人的數學為題材，描述國中生由梨、高中生蒂蒂、米爾迦，以及「我」，四人盡情談論數學的故事。

這些角色亦活躍於另一個系列「數學女孩」，是以更深廣的數學為題材，所寫成的青春校園物語，亦推薦給你！

請支持《數學女孩》與《數學女孩秘密筆記》這兩個系列！

日文原書使用 LaTeX 2_ε 與 Euler Font（AMS Euler）排版。排版參考了奧村晴彥老師所作的《LaTeX 2_ε 美文書編寫入門》，繪圖則使用 OmniGraffle、TikZ 軟體，以及大熊一弘先生（tDB先生）的初等數學製成軟體 macro emath。在此表示感謝。

　　感謝下列各位，以及許多不願具名的人們，閱讀我的原稿，提供寶貴的意見。當然，本書內容若有錯誤，皆為我的疏失，並非他們的責任。

　　　　赤澤涼、五十嵐龍也、石宇哲也、石本龍太、
　　　　稻葉一浩、上原隆平、內田陽一、大西健登、
　　　　川上翠、木村巖、工藤淳、毛塚和宏、
　　　　上瀧佳代、坂口亞希子、西原早郁、花田啓明、
　　　　林彩、原いづみ、平井香澄、藤田博司、
　　　　梵天ゆとり（medaka-college）、前原正英、
　　　　增田菜美、松浦篤史、三宅喜義、村井建、
　　　　村田賢太（mrkn）、山口健史。

　　感謝一直以來負責《數學女孩秘密筆記》與《數學女孩》兩系列的 SB Creative 野沢喜美男總編輯。

　　感謝 cakes 的加藤貞顯先生。
　　感謝所有支持我寫作本書的人們。
　　感謝我最愛的妻子和兩個兒子。
　　感謝你閱讀本書直到最後。
　　我們在下一本「數學女孩秘密筆記」見面吧！

結城 浩
www.hyuki.com/girl/

索引

國家圖書館出版品預行編目（CIP）資料

數學女孩秘密筆記. 圓圓的三角函數篇 / 結城浩作；
　陳朕疆譯. -- 初版. -- 新北市：世茂, 2015.10
　　面；　公分. --（數學館；24）
　ISBN 978-986-5779-95-5（平裝）

　1.數學　2.通俗作品

310　　　　　　　　　　　　　　104017092

數學館 24

數學女孩秘密筆記：圓圓的三角函數篇

作　　　者／結城浩
譯　　　者／陳朕疆
審　　　訂／洪萬生
主　　　編／簡玉棻
責任編輯／石文穎
出 版 者／世茂出版有限公司
負 責 人／簡泰雄
地　　　址／（231）新北市新店區民生路 19 號 5 樓
電　　　話／（02）2218-3277
傳　　　真／（02）2218-3239（訂書專線）
　　　　　　（02）2218-7539
劃撥帳號／19911841
戶　　　名／世茂出版有限公司　單次郵購總金額未滿 500 元（含），請加 60 元掛號費
世茂官網／www.coolbooks.com.tw
排版製版／辰皓國際出版製作有限公司
印　　　刷／世和彩色印刷股份有限公司
初版一刷／2015 年 10 月
　　四刷／2021 年 10 月

Ｉ Ｓ Ｂ Ｎ／978-986-5779-95-5
定　　　價／350 元

SUGAKU GIRL NO HIMITSU NOTE: MARUI SANKAKU KANSU
Copyright ©2014 Hiroshi Yuki
Chinese translation rights in complex characters arranged with SB Creative Corp., Tokyo
through Japan UNI Agency, Inc., Tokyo and Future View Technology Ltd., Taipei

讀者回函卡

感謝您購買本書,為了提供您更好的服務,歡迎填妥以下資料並寄回,我們將定期寄給您最新書訊、優惠通知及活動消息。當然您也可以E-mail:service@coolbooks.com.tw,提供我們寶貴的建議。

您的資料 (請以正楷填寫清楚)

購買書名:＿＿＿＿＿＿＿＿＿＿＿＿＿＿＿＿＿＿＿＿＿＿

姓名:＿＿＿＿＿＿＿＿＿ 生日:＿＿＿＿年＿＿月＿＿日

性別:□男 □女　　E-mail:＿＿＿＿＿＿＿＿＿＿＿＿＿

住址:□□□＿＿＿＿縣市＿＿＿＿＿鄉鎮市區＿＿＿＿＿路街
　　　　＿＿＿段＿＿＿巷＿＿＿弄＿＿＿號＿＿＿樓

　　聯絡電話:＿＿＿＿＿＿＿＿＿＿＿＿＿＿＿＿

職業:□傳播 □資訊 □商 □工 □軍公教 □學生 □其他:＿＿＿

學歷:□碩士以上 □大學 □專科 □高中 □國中以下

購買地點:□書店 □網路書店 □便利商店 □量販店 □其他:＿＿＿

購買此書原因:＿＿ ＿＿ ＿＿ ＿＿ ＿＿ ＿＿ (請按優先順序填寫)
1封面設計　2價格　3內容　4親友介紹　5廣告宣傳　6其他:＿＿＿＿

本書評價:＿＿ 封面設計 1非常滿意 2滿意 3普通 4應改進
　　　　　＿＿ 內　　容 1非常滿意 2滿意 3普通 4應改進
　　　　　＿＿ 編　　輯 1非常滿意 2滿意 3普通 4應改進
　　　　　＿＿ 校　　對 1非常滿意 2滿意 3普通 4應改進
　　　　　＿＿ 定　　價 1非常滿意 2滿意 3普通 4應改進

給我們的建議:＿＿＿＿＿＿＿＿＿＿＿＿＿＿＿＿＿＿＿＿＿＿＿
＿＿＿＿＿＿＿＿＿＿＿＿＿＿＿＿＿＿＿＿＿＿＿＿＿＿＿＿＿＿＿
＿＿＿＿＿＿＿＿＿＿＿＿＿＿＿＿＿＿＿＿＿＿＿＿＿＿＿＿＿＿＿

電話：(02) 22183277
傳真：(02) 22187539

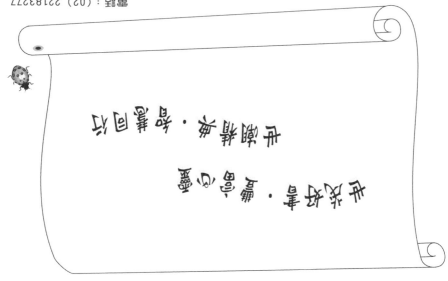

我思故我在・編織心靈

我要快樂・快樂滿懷・希望回片

廣告回函
北區郵政管理局登記證
北台字第9702號
免貼郵票

231新北市新店區民生路19號5樓

世茂
世潮 出版有限公司 收
智富

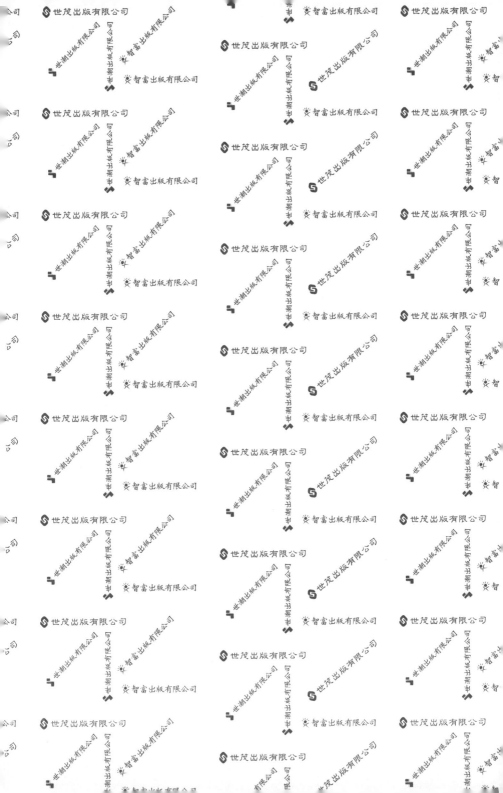